▶▶ 数学大师的逻辑课

塑造你的逻辑脑

生活中的思维训练

陈永明 著

 上海科技教育出版社

图书在版编目(CIP)数据

塑造你的逻辑脑:生活中的思维训练/陈永明著.
—上海:上海科技教育出版社,2024.5
(数学大师的逻辑课)
ISBN 978-7-5428-8123-6

Ⅰ.①塑… Ⅱ.①陈… Ⅲ.①思维训练—通俗读物 Ⅳ.①B80-49

中国国家版本馆 CIP 数据核字(2024)第 044622 号

责任编辑　孔令一
封面设计　李梦雪

数学大师的逻辑课

塑造你的逻辑脑
——生活中的思维训练

陈永明　著

出版发行　上海科技教育出版社有限公司
　　　　　(上海市闵行区号景路159弄A座8楼　邮政编码201101)
网　　址　www.sste.com　　www.ewen.co
经　　销　各地新华书店
印　　刷　上海商务联西印刷有限公司
开　　本　720×1000　1/16
印　　张　11
版　　次　2024年5月第1版
印　　次　2024年5月第1次印刷
书　　号　ISBN 978-7-5428-8123-6/O·1201
定　　价　38.00元

前　言

　　一年前，我写了一本《数学脑探秘》，而本书可以说是它的姐妹篇。为什么在写了《数学脑探秘》之后，还要写一本《塑造你的逻辑脑》呢？因为，数学和逻辑密切相关。不少同学就是因为逻辑学得不好，影响了数学的学习。譬如：

　　我们好多同学怎么也分不清"不都"和"都不"的区别；

　　怎么也想象不出"平面上 n 点，任三点不共线，任四点不共圆"的意思；

　　面对"充分条件"和"必要条件"时，更是一头雾水……

　　于是他们惊呼"数学难，难于上青天"。这种声音在网上不绝于耳，甚至有人画漫画、编歌曲调侃"数学太难"。作为老师，我听了之后，既感觉有点悲凉，又有点同情，但更多的则是觉得自己有责任改变这种状况。

　　我国的教育，从小学到大学，没有专门的逻辑课，而逻辑学本身又发展得很快。我们从语文老师那里学到的一丁点儿传统逻辑知识，是少得可怜的；从数学老师那里学到的命题四种形式等内容也有很大的局限性，所以学点逻辑，特别是数理逻辑是很必要的。

　　同学们在学逻辑的道路上会遇到一只"拦路虎"，那就是用自然语言讲述逻辑。自然语言确实丰富多彩，但又变化多端，常常把人弄得七荤八素。在这方面，数理逻辑的优点是显然的。譬如"不都"和"都不"，我们常常会绞尽脑汁揣摩它们之间的区别，但数理逻辑只用一个公式就能把两者分辨得清清楚楚。这是因为数理逻辑用形式化的方法表述逻辑，一是一，二是二，非常严密精准。但是，形式化又带来了新的问题，使人往往会有读"天书"的感觉。

为了让青少年读者能够读懂本书，攻克逻辑这只"拦路虎"，我要向"武松"学习，想出种种办法，使出浑身解数。

我想，首先在形式上要浅近，不板起面孔"显摆"专业性。数理逻辑是完全形式化的，但我们只是适度形式化，有时用点符号，有时用汉字夹符号，这样一来难度就大大降低了。在表达上，尽量做到通俗有趣。语言要口语化、形象化，譬如给了一个公式，还编一段顺口溜帮助读者掌握。有时还拉拉家常，讲一段有趣的故事，让读者乐于阅读。

老一辈数学教育家赵宪初先生教导我们："教数学有时要咬文嚼字。"因此，本书在适度形式化的同时，又十分重视词语分析，将适度形式化和词语分析结合起来，使两者相得益彰。

所以你无需害怕，跟着"武松"，定能拿下这只"拦路虎"！

本书是以中学生为读者对象的，结合中学数学的特点讲解逻辑是理所当然的事，如分析了命题的四种形式、充分条件、必要条件、抽屉原理、一致型命题、平均值原理、存在问题、恒成立问题，等等。

期望同学们能够从本书中学到一点实用的逻辑知识，并能够促进数学的学习。

需要说明的是，我不是逻辑学家，在逻辑方面一定有不少没有讲到位的地方，甚至是错误的地方，敬请逻辑专家和广大读者指正。

陈永明

2024 年 2 月（时年八十又三）

目　录

◆ **第 1 章　概念篇 / 001**

 1. 偷换概念、混淆概念 / 001

 2. 概念的存在性 / 010

 3. 逻辑学里的定义 / 015

 4. 数学里的定义 / 021

 5. 不重复不遗漏的分类 / 029

◆ **第 2 章　命题篇（上）/ 039**

 1. 什么是命题 / 039

 2. 与、或、非 / 044

 3. 如果……那么…… / 052

 4. 充分与必要 / 059

 5. "不都"和"都不" / 064

◆ **第 3 章　命题篇（下）/ 069**

 1. 有时正确，有时错误 / 069

 2. 每一个 / 072

 3. 有一个 / 078

4. 抽屉原理 / 086

5. 全称命题和特称命题的否定 / 090

6. 至少,至多 / 097

7. 多元命题 / 101

8. 一致型命题 / 106

◈ 第 4 章　推理论证篇 / 111

1. 真假和对错 / 111

2. 演绎法 / 116

3. 归纳法 / 118

4. 特殊值法 / 124

5. 反证法 / 133

6. 同一法 / 139

◈ 第 5 章　讨论篇 / 145

1. 生活中的逻辑思维 / 145

2. 三段论 / 148

3. 用逻辑方法解选择题 / 151

4. 从逻辑角度分析错解 / 159

5. 蕴含命题 / 161

◈ 参考答案(部分) / 165

第1章

概 念 篇

1. 偷换概念、混淆概念

张三问了一个问题:"念完交通大学本科最少要多长时间?"

张三的好朋友李四回答说:"恐怕要4年吧!"

另一个好朋友王二麻子说:"最聪明的同学恐怕也得2年以上吧?"

但是张三的答案是约2秒钟。

在场的很多人问:"为什么只要2秒?"

张三答曰:"交通大学本科,只有6个字,2秒钟念这6个字,做不到吗?"

众人目瞪口呆,大叫:"哇,我服了你!"

真正的大学本科需要学习4年,而出题者的"念完交通大学本科"指的是念出"交通大学本科"这6个字。"逻辑先生"说:这是典型的偷换概念。

每个学科都有自己的概念,数学也一样。有时概念用一个专门的名词表示,如"三角函数""有理数";有时也可以用一个词组表示,如"有一个内角是30°的三角形"。

我们思考问题、说话、写文章,概念必须清晰,不能混淆,更不能偷换。

偷换概念往往是"别有用心"的。在社会上,有一些歹徒常常利用偷换概念的办法达到自己不可告人的目的。老师有时也会偷换概念,不过老师没有不可告人的目的,而是为了让大家引起心理上的震撼,"喔,原来是这么回事",以达到教育学生的目的。

1+1竟然不等于2了!

我们看一个关于体积的例子。

如图1.1所示,$ABCD-A'B'C'D'$是个正四棱台,上底面和下底面都是正方形,其中下底的边长$AB=8$,上底的边长$A'B'=6$,高$h=3$。

这个四棱台的体积是多少?

$V=(S_上+S_下+\sqrt{S_上 \times S_下}) \times h/3$,

就是等于(上底面积 + 下底面积 + $\sqrt{上底面积 \times 下底面积}$) × 高 ÷ 3。

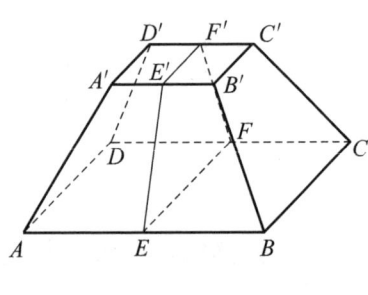

图1.1

由此可以算出$V=148$。

现在,把它分拆成两个部分,看看情况会怎么样(如图1.2)。

能怎么样?全体等于部分之和,2总等于1+1呗。

看仔细了,我们分别取下底的棱AB、CD的中点E、F,上底的棱$A'B'$、$C'D'$的三分之一的点E'、F',即有

$BE=\frac{1}{2}AB=4$,$CF=\frac{1}{2}CD=4$,$B'E'=\frac{1}{3}A'B'=2$,$C'F'=\frac{1}{3}C'D'=2$。

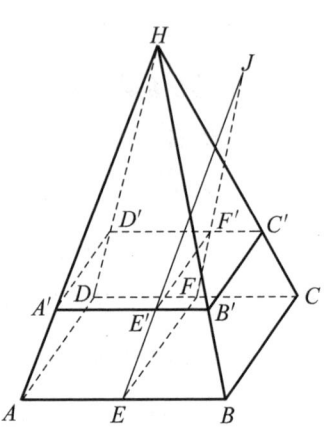

图1.2

这样就把原先的一个棱台分成了两个。根据棱台的体积公式,不难算出

$$V_1 = V_{EBCF-E'B'C'F'} = 44 + 8\sqrt{6},$$

$$V_2 = V_{AEFD-A'E'F'D'} = 56 + 16\sqrt{3},$$

$$V_1 + V_2 = 147.3。$$

$$V_1 + V_2 \neq V$$

咦！得到了不同的结果，有点怪！

问题出在哪里呢？让"逻辑先生"来告诉你。

毛病出在没有弄清棱台的概念。一个棱锥如果被一个平行于底面的平面所截，那么该截面和底面间的部分称为棱台。通俗点说，棱台是从棱锥上截下来的一部分。

当前有句广告语"不是所有的牛奶，都叫……"，套用它的句式，这里要说："不是所有的'台'都能够叫棱台。"

棱台的侧棱延长之后，必须能够交于一点。而 V_1、V_2 恰恰都不是棱台，从图 1.2 中可以看出它们的侧棱并不交于一点。

$AEFD-A'E'F'D'$ 叫作拟柱体。把棱台和拟柱体故意弄混，这是在偷换概念。老师并没有什么"不可告人的目的"，无非是让学生记住棱台的定义和棱台体积公式的适用条件。我们常常会把生活中的某个印象当作数学中的某个相关的概念。生活中的"台"，就是下面大、上面小的两个平行平面构成的一个立体，如 V_1、V_2 都会当作"台"，但是数学里的"棱台"，还要加上一个重要条件：延长侧棱，它们应该交于一点。明白了吗？

四种容易混淆的情形

我们经常会遇到混淆概念的情形，而且常常是在无意间混淆了概念，这是数学学习中的一个大忌。造成概念混淆也是有客观原因的，大致有以下几种情形。

第一种情形：借用生活中的名称来称呼数学中的概念。

例如，在计算三角形面积时，要用到底乘高，这个"底"字是从生活中借用来的。生活中的"底"是指最下层的东西,在数学中,"三角形的底"就是指"三角形的边",并不是指"画在下面的一条边"。

第二种情形:借用特殊情形中的名称来称呼一般概念,借用一般情形中的名称来称呼特殊概念。

函数 $y=f(x)$ 在 $x=x_0$ 时的导数,以及函数 $y=f(x)$ 的导函数本是两个完全不同的概念,前者是特殊情形,后者是一般情形。但是,我们常把后者也简称为导数。

反之,"圆柱"与"直圆柱"也是两个不同的概念,前者是一般情形,后者是特殊情形。但是,我们常把"直圆柱"简称为"圆柱"。

第三种情形:借用旧的名称来称呼新的概念。

概念的扩充在数学中出现得很普遍。数的概念在扩充,角的概念在扩充,甚至"和"的概念、"相等"的概念也都在扩充。

经过扩充以后,新概念往往借用旧的名称来称呼,但是千万要注意,同一个词的含义已经不同了。

例如"幂"这个概念,开始我们把它定义为"相同因数的乘积",即

$$\begin{cases} a^1 = a, \\ a^n = \underbrace{a \cdot a \cdot \cdots \cdot a}_{n\text{个}} \quad (n>1), \end{cases}$$

这里,n 是自然数。

后来,我们把 $a^0(a \neq 0)$ 也叫做幂。其中指数是 0,当然不能沿用上述老的定义,就是说 a^0 不能理解为 0 个 a 相乘的结果,而把 a^0 的意义重新加以规定:

不为 0 的数的零次幂等于 1。

同样,我们把 $a^{-n}(a \neq 0, n$ 是正整数) 也叫做幂,当然不能说它是 $-n$ 个 a 相乘的结果,也要重新规定为:

$$a^{-n} = \frac{1}{a^n} \quad (a \neq 0)。$$

这样,我们把幂这个概念扩充了,本来只允许指数为正整数,现在允许

为任意整数了。后来,我们进一步可以允许指数是任意实数。

数的"和"的概念也被扩充过。譬如说,本来总是指有限个数相加的结果,后来,我们也说无限项的和,这决不能理解为无限项"相加"(按原先理解的那样)的结果,因为无限项"相加"是加不出结果来的。我们把无限项的和定义为前 n 项的和当 n 无穷增大时的极限(如果这个极限存在的话),即 $S = \lim\limits_{n \to \infty} S_n$。所以,看到"和式 $a_1 + a_2 + a_3 + \cdots + a_n$",应该理解为普通加法的结果;看到"和式 $a_1 + a_2 + \cdots + a_n + \cdots$",就不应该理解为普通加法,而应该理解为一个极限。

但是,好多同学并没有认识到这一点。到高中,即使会熟练地求无穷递缩等比数列的和,但仅仅是把求和公式套一套而已,并没有把它看成一个极限。不信的话,不妨看看下面这道题。

请问,以下关于 $0.\dot{9}$ 和 1 的关系哪一项是正确的?

(A) $0.\dot{9} < 1$ (B) $0.\dot{9} > 1$ (C) $0.\dot{9} = 1$ (D) $0.\dot{9} \approx 1$

这个题,出错率很高啊。好多同学认为应选 A 或 D,就是不认同 C,不认为 $0.\dot{9}$ 等于 1。

很多同学想不通,$0.\dot{9}$ 怎么会等于 1 呢?其实,

$$0.\dot{9} = 0.9999\cdots = 0.9 + 0.09 + 0.009 + \cdots$$

这是一个无穷数列的"和",它不再是小学里的"和",而是极限了!这个等比数列,首项 $a = 0.9$,公比 $q = 0.1$,根据无穷递缩等比数列的求和公式,这个极限等于

$$\frac{a}{1-q} = \frac{0.9}{1-0.1} = 1,$$

所以,$0.\dot{9} = 1$。

为什么会产生这样的误解呢?概念已经扩充了,而脑子还把它当成原来的意义,我把这种错误叫作"**停留性错误**"。由于这种错误作怪,他们把

0.9999…和0.99…9错误地等同起来了。

其实,在"0.9999…"和"0.99…9"里,省略号的位置是不一样的。因为位置不一样,意义也就不一样了。前者省略号在尾巴上,意思是有无穷多个9,当然只能用省略号;而后者省略号在中间,是有限个9,譬如100个,或者1000个,只是因为9的个数很多,写作时用了省略号。有些同学之所以选错答案,就是他们误以为$0.\dot{9}$是个有限小数。

停留性错误,影响广泛,同学们,警惕噢!

第四种情形:有些概念提法相近,但含义不同,易引起误解。

下列各对概念都是属于这种情况:

除,除以;

倒数,相反数;

幂函数,指数函数;

绝对不等式,含绝对值符号的不等式;

直线,射线,线段;

最大值,极大值;

方程的根,方程的解;

恒等,全等,相等,等积;

相似,位似;

整除,除尽;

素数,素因数,互素数;

同类根式,同次根式;

内接,内切;

两数和的平方,两数平方的和;

化去分母里的根号,化去根号里的分母;

…………

把它们的意义弄错了,也就是把概念混淆了,就会出大问题。所以,老一辈的数学教育家赵宪初先生教导我们,"**教数学有时要咬文嚼字**",很有道理。

混淆概念会出大问题

如果 m 是一个有理数,试确定相应的数,使方程
$$x^2 - 4(m-1)x + 3m^2 - 2m + 4k = 0 \tag{1}$$
的根是有理数。

对这道题,有人这样解:

解:要方程(1)的根是有理根,只要判别式
$$\begin{aligned}\Delta &= [-4(m-1)]^2 - 4(3m^2 - 2m + 4k) \\ &= 4[m^2 - 6m - 4(k-1)]\end{aligned} \tag{2}$$
是完全平方式。

而要使(2)成为完全平方式,那么关于 m 的方程
$$m^2 - 6m - 4(k-1) = 0 \tag{3}$$
应有相等实根,即(3)的判别式
$$\Delta' = 36 + 16(k-1) = 0。$$
解得
$$k = -\frac{5}{4}。$$

这个解法看起来正确,但实际上是有问题的。其实,除了 $k = -\frac{5}{4}$ 之外,还有别的可能,譬如 $k=1, m=8$ 时,原方程成为:
$$x^2 - 28x + 180 = 0,$$
此时,$\Delta = 64$,原方程有有理根(18 和 10)。

这是什么原因呢?

原来,原解里断言要使原方程有有理根,必须判别式是"完全平方式",这个要求过高了!其实,只要是"完全平方数"就可以了。当 $k=1, m=8$ 时,判别式等于一个完全平方数 64,这时候原方程的根就是有理数了。

完全平方式和完全平方数,一字之差,区别究竟在哪呢?举个例子,

$x^2 - 2x + 1$ 等于 $(x-1)^2$，是完全平方式。这种情况下，x 代入任何整数，都能得到完全平方数。

但是，一个完全平方数未必是某个完全平方式的值。也就是说，完全平方数不一定要通过完全平方式代入某个数来得到。譬如，64 是完全平方数，它可以是完全平方式 $(x+7)^2$，当 $x=1$ 时的值，也可以是非完全平方式 $x+63$，当 $x=1$ 时的值。

正因为混淆了完全平方式、完全平方数这两个概念，才造成了错误。

再举一个例子，常常有书上说：两条平行线之间的距离处处相等。其实这句话是错误的。

为什么说是错的？这里，我们遇到了好几个概念：第一，两点间的距离；第二，一点到一直线的距离；第三，夹在两条平行线之间的垂直线段的长度；第四，两条平行线之间的距离。你得细细分辨每一个概念的异同噢！

前两个不必解释。第三个，夹在两条平行线之间的垂直线段有无穷多条，如图1.3中的 BB_1、CC_1。

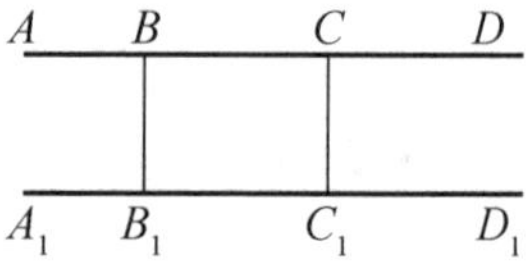

$AD/\!/A_1D_1$，如果 $BB_1 \perp AD$，$CC_1 \perp AD$，那么可以证明 $BB_1 = CC_1$。BB_1、CC_1 就是夹在两条平行线 AD、A_1D_1 之间的垂直线段，而这样的垂直线段有很多，正因为很多，才可以说这些垂直线段的长度"处处"相等。

图 1.3

接下去看第四个，平行线之间的距离。由于有了第三条结论，我们把那个"处处"相等的长度这个共同数值，叫作这两条平行线之间的距离。注意：夹在两条平行线之间的垂直线段的长度有无穷多个数值，但是它们是相等的，这个共同的数值（只有一个）叫作"两条平行线之间的距离"。于是，"两条平行线之间的距离"谈不上处处相等！

"两条平行线之间的距离处处相等"这种说法就是混淆了"夹在两条平行线之间的垂直线段的长度"和"两条平行线之间的距离"这两个概念。从本质上说，前者涉及的"线段"是图形，后者涉及的"距离"是数值。从数量上说,前者有无穷多个(虽然都是相等的),后者是唯一的。

这个错误就是概念混淆造成的。当然,也有语言学上的问题。凡是"处处""人人""时时",那肯定是涉及好多个对象,如果只有一个对象,何来"处处""人人""时时"?

总之,混淆了概念会出大问题!

小结一下

在概念方面,偷换概念一般是老师故意考验同学的手段,同学常犯的错误主要是概念混淆。

概念混淆的原因大致有四种情形。其中第三种情形应该特别予以重视,小心犯"停留性错误"。

练习 1

1. 请区分下列各对概念的异同:
(1) 除,除以;
(2) 相等,恒等,全等;
(3) 绝对不等式,含绝对值符号的不等式。

2. 说出下列概念的意义,体会一下,你有没有犯停留性错误?
(1) 整数 a 被整数 b "整除",多项式 $f(x)$ 被多项式 $g(x)$ "整除";
(2) 两点间的"距离",一点到一直线的"距离",两条平行线之间的"距离",异面直线之间的"距离";
(3) 两数的"和",多项式的"和",函数的"和",集合的"和",无穷级数的"和",向量的"和",矩阵的"和";
(4) 平面几何中的"角",三角中的"角",立体几何中的二面角的平面"角"。

2. 概念的存在性

阿凡提："今天出个题给大家做做,看你们谁最聪明。"
$$\frac{9-9}{3-3}=?$$

八戒：$\frac{9-9}{3-3}=\frac{0}{0}=0$。

武大郎：$\frac{9-9}{3-3}=\frac{3(3-3)}{3-3}=3$。

李逵：$\frac{9-9}{3-3}=\frac{(3+3)(3-3)}{3-3}=6$。

怎么搞的,3 个人 3 个答案?

阿凡提说："你们几个榆木脑袋,都错了!"

"为什么?"

"我来告诉你们：$\frac{9-9}{3-3}$ 没有意义,实际上它根本不存在。"阿凡提如是说。

错题和错解

对于数学家来说,要在人们原先未知的领域讨论问题,可能会遇到原先不存在的东西,如当年的数学家遇到虚数、无穷小量等情况。但中小学涉及的数学是一门成熟的科学,忽视其存在性,会出大问题。

过点 $(2,3)$ 作二次曲线 $x^2+2y^2-2x+4y+6=0$ 的切线,你能写出切线方程吗?

可先设过点 $(2,3)$ 的切线方程为 $y-3=k(x-2)$,并与二次曲线方程联立,得

$$\begin{cases} x^2+2y^2-2x+4y+6=0, \\ y-3=k(x-2), \end{cases}$$

可得 k 的值,于是可得切线方程。

其实,将二次曲线方程整理一下得:
$$(x-1)^2 + 2(y+1)^2 = -3,$$
左边肯定非负,而右边恰恰是一个负数,可知这样的二次曲线是不存在的。所以,本题从一开始就是错题!

再来看看下面这题的解法是否正确。

求 $\sqrt{1-\sqrt{1-\sqrt{1-\sqrt{1-\cdots}}}}$

解:设 $\sqrt{1-\sqrt{1-\sqrt{1-\sqrt{1-\cdots}}}} = A$,则
$$\sqrt{1-A} = A,$$
两边平方
$$1 - A = A^2,$$
解得
$$A_1 = \frac{-1+\sqrt{5}}{2}, \quad A_2 = \frac{-1-\sqrt{5}}{2}(舍去)。$$

所以原式的值等于 $\dfrac{-1+\sqrt{5}}{2}$。

其实,第一步设 $\sqrt{1-\sqrt{1-\sqrt{1-\cdots}}} = A$,就有问题了。你怎么知道它等于一个数值?默认这个值存在,这是没有根据的。又要借用上节的广告词了,"不是每一个式子都等于一个数值的",所以解题思路是不对的。

第二步,对无穷根式两边平方,也是没有依据的。等式两边平方之后得到的式子仍相等,这是有限情况下的等式性质,能不能推广到无限情形?要看情况而定。

这个题的解法看起来很巧妙,类似的题目在一些教辅图书上常常会出现。"逻辑先生"认为,这是隐藏得很隐蔽的一种毒素,对同学的思维会造成极大的负面影响。因为没有无限概念的同学对此没有警惕性,很容易上当。

同样的还有将循环小数化为分数,也有不少教辅图书上有不恰当的方法。

如何将 $0.\dot{3}\dot{4}$ 化为分数?

因为 $0.\dot{3}\dot{4} = 0.343434\cdots$, (1)

$$100 \times 0.\dot{3}\dot{4} = 34.3434\cdots,$$ (2)

(2) - (1),得

$$99 \times 0.\dot{3}\dot{4} = 34,$$

所以

$$0.\dot{3}\dot{4} = \frac{34}{99}。$$

这个结果对不对?对的。但是推导的过程有没有问题?有。这个过程很有迷惑性。你看出问题了吗?

错在哪里?错就错在由式(1)得到式(2)有问题。式(1)是无穷式,乘100 之后,能不能就把小数点移动 2 位?没有根据。

为了防止出现忽视存在性的错误,要注意等式、定理成立的条件,譬如分式的分母不能等于 0;二次方程在判别式不小于 0 时才有实数根;圆的方程式 $(x-a)^2 + (y-b)^2 = P$,这个 P 应该不小于 0;无穷数列要注意是否收敛……

历史上著名的例子

最后,讲一个数学史上关于存在性问题的著名例子。

题目是这样的:求 $1 - 1 + 1 - 1 + 1 - 1 + \cdots$ 的值。

解法一: $1 - 1 + 1 - 1 + 1 - 1 + \cdots + (-1)^n + \cdots$

$= (1-1) + (1-1) + (1-1) + \cdots$

$= 0 + 0 + 0 + \cdots$

$= 0$。

解法二： $1-1+1-1+1-1+\cdots+(-1)^n+\cdots$
$$=1-(1-1)-(1-1)-\cdots$$
$$=1-0-0-\cdots$$
$$=1。$$

解法三：令 $S = 1-1+1-1+1-\cdots+(-1)^n+\cdots$

则 $S = \quad 1-1+1-1+\cdots+(-1)^{n-1}+\cdots$

$$2S = 1,$$

$$\therefore \quad S = \frac{1}{2}。$$

解法四：把 1 除以 $(1+x)$，得

$$\frac{1}{1+x} = 1 - x + x^2 - x^3 + \cdots + (-1)^n x^n + \cdots,$$

令 $x = 1$，得

$$1 - 1 + 1 - 1 + 1 - 1\cdots + (-1)^n + \cdots = \frac{1}{2}。$$

一道题竟然有多个不同的答案，岂非咄咄怪事？原因何在？原来在于级数

$$1 - 1 + 1 - 1 + 1 - 1 + \cdots$$

的和根本不存在，也就是说它是发散的（反之称为收敛的）。对于一个不存在的东西，还在加加减减，忙得不亦乐乎，不是胡闹么！

> **小结一下**
>
> 在中学数学学习中，要注意概念的存在性。
>
> 要注意等式、定理成立的条件，譬如分式的分母不能等于 0；二次方程在判别式不小于 0 时才有实数根；圆的方程式 $(x-a)^2 + (y-b)^2 = P$，这个 P 应该不小于 0；无穷数列要注意是否收敛……

练习 2

下列解法是否正确？

1. 求 $1+2+4+8+\cdots$ 的和。

解：设 $1+2+4+8+\cdots = x$，

$$\begin{aligned} x &= 1+2+4+8+\cdots \\ &= 1+2(1+2+4+8+\cdots) \\ &= 1+2x, \end{aligned}$$

解得 $x = -1$，所以 $1+2+4+8+\cdots = -1$。

2. 当实数 m 等于几时，方程 $x^2 + (m+2)x + (m+5) = 0$ 的两根都是正数？

解：根据韦达定理得

$-(m+2) > 0$，且 $m+5 > 0$，

解得 $-2 > m > -5$，所以当 $-2 > m > -5$ 时方程的两根都是正的。

3. 逻辑学里的定义

快乐三兄弟张三、李四和王二麻子外出旅游。张三和李四都抽烟了,他们不小心把房间里的被单烫了几个洞。结账时,服务员要求张三他们赔款。

张三:"赔多少?"

服务员:"每个洞100元,大大小小共4个洞,所以您应该赔400元。"

李四:"这么贵啊,这条床单才值几个钱?"

王二麻子灵机一动,二话没说,用火红的香烟把4个小洞烫成一个大洞,然后掏了100元钱交给服务员。

服务员傻了。

大洞小洞都是洞,一点也没有错。王二麻子就是利用了"洞"这个概念不明确,为自己减少了赔偿费用。

定义的两种方式

要明确一个概念的意义(逻辑学里叫**内涵**),需要加以定义。定义就是说明一个概念内涵的语句。譬如:

- 两组对边分别平行的四边形叫作平行四边形;
- 有理数和无理数统称实数。

定义常用两种方式,一种叫种属定义,一种叫归纳定义。上面两个例句,前者是种属定义,后者是归纳定义。

归纳定义是通过由小及大的方法定义的。数学里,归纳定义出现得不多,也很少产生理解和应用上的错误,我们不予赘述。

数学里主要使用的是种属定义。种属定义是怎么样的呢?种、属,是分类学里的词汇,逻辑里借用过来,出现了"种概念""属概念"两个名词,初学

者不容易搞清楚,本书用上位概念(大概念)、下位概念(小概念)这两个词来替代。种属定义有以下的公式:

限制词 + 上位概念(大概念) = 下位概念(小概念)

小概念是原来意义不明确的、要通过定义赋予意义的概念。怎么赋予?用"限制词 + 大概念"来定义。它用的是自大到小的思路。

譬如:

- 具有中国国籍的人叫作中国人;
- 18周岁以下的人叫作未成年人。

它们都是种属定义。前面的句子里,"中国人"是小概念,它是大概念"人"的一部分。是怎么样的一部分呢?限制词是"具有中国国籍的"。

从语言的角度看,定义句常用"叫作"这个词,因此可以说成"判断句"。它的结构是主谓结构,以平行四边形的定义为例,

两组对边分别平行的四边形叫作平行四边形。

大概念"四边形"是主语,前面的限制词"两组对边分别平行的"是定语,"叫作平行四边形"是谓语。

从集合的角度看,小概念是大概念的子集。这个观点很重要,是数学提供给逻辑学习者的一个法宝,可以让大家直观、清晰地弄清大小概念间的关系。集合还可以帮我们弄清概念间的种种关系,譬如不相容关系(三角形和四边形就是不相容的)、交叉关系(等腰三角形和直角三角形就是交叉关系)等。

易犯错误

在学习定义时,不少人会犯这样那样的错误,常犯的错误有以下这些。

第一,循环定义。

一位小姐姐遇到了一群盲童,亲切地拉着他们的手。一个盲童无意中

摸到了小姐姐的上衣,说:"您的衣服真光滑。"

这下子说到了小姐姐的兴奋点,于是脱口而出,说:"这是真丝的,质地好,而且是红色的,很鲜艳。"

盲童问:"什么是红色啊?"

小姐姐一下子愣住了,这个问题怎么回答呢?小姐姐结结巴巴地说:

"红色……么,红色……就不是蓝色。"

盲童一脸迷茫地说:"那么什么是蓝色呢?"

"蓝色么,不是红色。"

盲童更糊涂了。

小姐姐由于疏忽,犯了个错误,这个错误就叫"循环定义"。

有同学说这种错误太明显了,大概没有普遍性。不要这么说,循环定义的错误有时很隐蔽,如果没有"火眼金睛",还真看不透。譬如:

"到圆心的距离等于半径的点的集合叫作圆。"

这句话就是循环定义。为什么这么说?我们给圆下定义的前提,就是原先我们不知道什么是圆,当然也不知道什么是圆心,什么是半径。这个说法是用圆心和半径来定义圆,那么,什么是圆心和半径呢?就必然要依靠圆来定义它们。正确的说法应该是:

"到定点的距离等于定长的点的集合叫作圆。"

注意这里只说"定点""定长",没有说"圆心""半径"。然后才可以说:"这个定点叫作圆心,这个定长叫作半径。"

你看是不是很隐蔽啊?如果你有孙悟空的"火眼金睛",就能识破它了。这样的例子还有,你遇到过吗?

第二,不知道大概念是什么。

种属定义的结构是:"限制词 + 大概念 = 小概念",现实中,大家比较关注限制词,对大概念没有足够的重视。原因可能有两个,一是限制词的语句常常疙疙瘩瘩,要求人们必须加以注意;二是大概念有时在定义的语句中没有明确表达出来,所以容易被忽视。

我曾参加过一次硕士论文答辩会,一位硕士生滔滔不绝地讲了关于极限的教学观点。我作为答辩导师提出了一个问题:

"请你讲解一下,数列的极限究竟是什么东西?"

她一开始没有听懂,我解释了一下,就是问"数列极限的上位概念是什么?"

数列极限的定义是这样说的:

"任给 $\varepsilon>0$,存在自然数 N,当 $n>N$ 时,不等式 $|a_n - a|<\varepsilon$ 总成立,那么说数列 $\{a_n\}$ 的极限是 a。"

这个上位概念(大概念)是什么呢? 找来找去没有啊! 又在考验你有没有"火眼金睛了"。

在数列极限的定义里的确是没有明确表达出"它的上位概念是什么"。那位硕士生结结巴巴,一会儿说是无限接近,一会儿说是 ε 是 N……你看,她可以流畅地讲出数列极限的定义,但竟然不知道数列极限是何物。其实,数列的极限是一个实数(大概念),是满足"任给 ε,存在 N,使得……"(限制词)这样的一个实数。

可见,死背定义的语句,而不解其意,特别是不了解大概念的同学大有人在。**"逻辑先生"这样告诫大家,这是要不得的**。

譬如,复数 $a+bi$ 的模的大概念是什么?

答:$|a+bi| = \sqrt{a^2+b^2}$,看来是个式子,其实也是个定义(叫作形式定义)。复数的模是正实数,是一个等于 $\sqrt{a^2+b^2}$ 的正实数。所以,它的大概念是正实数。

类似的还有:$A^0(A\neq 0)$ 的大概念是什么?

$A^0=1(A\neq 0)$,看来是个式子,其实还是个定义。A^0 的大概念是实数,是一个等于 1 的实数。

第三,大小概念不呼应。

刚才说了,小概念是大概念的子集。应该牢牢记住这一点,否则就会犯错。譬如：

"三角形的角平分线是三角形中某个内角的角平分线。"

这有什么问题吗？好些同学想象不出来。火眼金睛来了！

其实这是有毛病的。为什么？角平分线是射线，三角形的角平分线是线段。大小概念不呼应啦！

再看一个：

"两点间的距离就是连接这两点的线段。"

这也是犯了大小概念不呼应的毛病。距离是长度，是一个数值（正实数），线段是几何图形。看起来蛮有道理的，其实是牛头不对马嘴！

第四，限制不当。

限制词起的作用是在大概念这个集合里勾勒出一个子集。限制太多或太少都不行，要恰当。限制太少，范围就过宽；相反，限制太多，就过于严苛，范围就过小了。

"直径是连接圆周上两点的线段。"

这个就是限制太少了，这样的线段不是直径，而是普通的弦。应该加上"过圆心"这个要求才行。

"弦是连接圆周上两点，且过圆心的线段。"

这个是限制太多了，应该放弃"过圆心"的要求。

同学们在作辅助线的时候，常常犯这样的错误。譬如：

"过三角形顶点 A，作 BC 的垂直平分线。"

这个要求过高了，就是说限制太多了。既要垂直 BC，又要将 BC 平分，还要过顶点 A，一般做不到的。

"过三角形的顶点 A 作平行线。"

这是和哪条直线平行？限制又太少了。

这些错误，你犯过吗？

> **小结一下**
>
> 定义的基本方法有两种:种属定义和归纳定义。其中种属定义的公式是:
>
> 限制词 + 大概念 = 小概念。
>
> 集合里的包含关系,是帮助我们理解种属定义的形象方法。
>
> 在定义方面容易犯的几种错误:循环定义、大概念不明确、大小概念不呼应、限制不当。

练 习 3

1. 说出绝对值的定义,并指出它的大概念是什么。

2. 说出算术根的定义,并指出它的大概念是什么。

3. 下面的讨论是否正确?

甲:"什么是两直线互相垂直?"

乙:"两直线交角是直角,那么这两条直线互相垂直。"

甲:"那么,什么叫两直线交角是直角?"

乙:"如果两条直线互相垂直,那么这两条直线的交角是直角。"

4. 写出下列概念的定义,并指出其上位概念和限制词。

(1) 角平分线;

(2) 一次函数。

4. 数学里的定义

老师在前一天教了复数的基本概念,第二天他走进教室,一声不吭,在黑板上写了一个题。

$$(1+2i)+(1-2i)=?$$

张三说:"简单啊,把2i抵消,所以等于2啊!"

李四也表示同意。

老师问王二麻子,王二麻子回答:"不知道。"

后来,老师竟然表扬了王二麻子。张三、李四气鼓鼓地不服气。

怪了,为什么老师会表扬一个回答"不知道"的学生?

定义不能想当然

其实,这涉及一个问题:数学里的定义有自己的特点。

第一,定义的必要性。出现一个概念必须加以定义。此概念不能像"从天上掉下个林妹妹"一样无缘无故地冒出来。

数学和别的学科不一样,出现一个新概念必须给出定义。

本文开头的故事里,这位老师表扬得有道理。什么是复数的加法?应该先定义一下。现在还没有给出定义,怎么可以想当然地做加法呢?这就是"知之为知之,不知为不知",学数学来不得半点含糊,不能依靠"想当然"。

定义的必要性,同学还是很难接受的。这是因为在日常生活中并没有这么严格的要求,小学里又是大量运用看一看或量一量的手段来学习数学的,因此在初中阶段,同学们是很难建立起定义必要性这种观念的。

譬如,什么是圆周长?

估计开始时你会认为,这个问题好奇怪,圆周的长就是圆周长啊!没有必要一本正经地问啊。

还有,零次幂 a^0 我们原先是不知道的,出现时,就要明确它的意义,就是给出定义。可是,好多同学总认为,$a^0=1$,它不是规定的,而是推出来的。其实你想,a^0 原先是什么东西也不知道,怎么能够推得出呢?

这些同学是这样想的:
$$a^m \div a^n = a^{m-n}, \tag{1}$$
$$\therefore a^n \div a^n = a^{n-n} = a^0, \tag{2}$$

而
$$a^n \div a^n = 1,$$
$$\therefore a^0 = 1。$$

不是推出来了吗?其实,这是一种误解。我们一步步来分析。

先看式(1),它是正确的,但是原先知识在条件($m>n$)时才成立,所以应该加上这个条件,即
$$a^m \div a^n = a^{m-n} \quad (m>n) \tag{3}$$

再来看式(2),你就会发现这不正确,因为不符合($m>n$)的要求,后面的推理当然站不住脚了。

定义要有合理性

第二,定义是必要的,也应该是合理的,不能随心所欲。

张家生了第二个儿子,要给他起名字,叫他"张一""张老大""张伯"(古代常用伯仲叔季代表兄弟的排行)显然是不合适的。可见,取名字,虽然有它的"自由",但随心所欲也是行不通的,要有合理性。

譬如说,为什么不规定 $a^0=2(a\neq 0)$ 呢?因为这样规定不合理。如果这样规定,在正整数幂范围里的某些性质,如
$$a^m \cdot a^n = a^{m+n}$$

会引起麻烦。当 $n=0$ 时,

左边 $= a^m \cdot a^0 = 2a^m$（根据这个不合理的规定），

右边 $= a^{m+0} = a^m$，

∵ $a \neq 0$，∴ 左边 ≠ 右边。

为了使规定合理,使原先的性质在新的范围里适用,我们规定 $a^0 = 1$（$a \neq 0$）。

定义要有确定性

第三,定义必须是确定的。

经过上面的分析,我们知道了,新出现的概念必须加以定义,定义还要合理。所以"圆周长"必须加以定义,不能自说自话认为"圆周长就是圆周的长"。

那么,怎么定义圆周长呢?

很多老师在讲圆周长的概念时,常常用绕线的办法加以说明。那么绕线得到圆周的长度就是圆周长,这个作为定义可以吗?大家知道,由于绕线的弹性不一样,以及操作者掌握的松紧程度不一样,这种方法得到的所谓圆周长是不确定的。

数学和其他一些学科不一样。譬如,在社会科学里,对于什么是市场经济,这位专家可以这样说,那本著作可以那样讲。在数学里,在不同的数学家和不同的数学书中,定义一定是确定的。

因此,一定要给圆周长一个确定的定义,这就是:

"当边数无限倍增时,圆的内接正多边形和外切正多边形周长的共同极限叫作圆的周长。"

先要作圆内接正多边形,譬如内接正六边形,然后将边数翻倍,内接正12边形,再翻倍……只有这些还不行,还要作圆外切正多边形……还没结束,要求出两个周长系列的极限,还要看这两个极限是不是相等。看起来,有点复杂,但是绝对是必要的。只有这样,圆周长才是确定的。

数学里常常要做一些临时规定,如几何中作辅助线,列方程解应用题时设未知数,换元法解题时设辅助未知量等。做临时规定,与下定义有类似之处。首先要规定新线、新点、新字母的意义。有些同学解题过程中会莫名其妙冒出一个新未知数、一条新线段来,使人丈二和尚摸不着头脑,这是很不好的。

认识还是不认识,理解还是不理解定义的必要性、合理性、确定性,是数学素质好不好的一个指标。

笔者很欣赏近几十年来出现的"新定义"的问题。

这些题目大致为定义一个概念、定义一个符号、定义一种或几种规则。我们必须根据定义理解题意,进行推演。

例如,现有 $S = \{2,4,6,8\}$,运算 $*$ 表示 S 中两个元素乘积的个位数字,求 $8*4, 8*(6*4), (8*6)*4$ 的值。

显而易见的是,$8 \times 4 = 32$,个位数字是 2,所以 $8*4 = 2$。

$6 \times 4 = 24$,个位数字是 4,所以 $6*4 = 4$,于是

$8*(6*4) = 8*4 = 2$。

$8 \times 6 = 48$,个位数字是 8,所以 $8*6 = 8$,于是

$(8*6)*4 = 8*4 = 2$。

定义要有基本性

数学里除了定义的必要性、合理性、确定性之外,还有一个基本性。 这个性那个性,怎么还不够啊?烦不烦啊!没办法,你只能再辛苦辛苦。

那什么是定义的基本性呢?就是"怎么"定义的就按"怎么"办。"逻辑先生"说,这一点非常非常重要,是我们所说的"逻辑脑"核心内容之一。

梯形 $ABCD$ 中,$AB = 12$,$CD = 8$,E、F 分别是 AC、BD 的中点,求 EF 的长。

不少同学是这么证明的:如图 1.4,延长 EF、FE,和 BC、AD 分别交于 K、

M，因为 MK 是梯形 $ABCD$ 的中位线，所以 $MK = (12+8) \times \dfrac{1}{2} = 10$。

又因为 FK 是 $\triangle BCD$ 的中位线，ME 是 $\triangle ACD$ 的中位线，

所以，$FK = ME = 4$，

于是，$EF = 10 - 4 - 4 = 2$。

其实，你怎么知道 K、M 分别是 BC、AD 的中点？这是滥用了图形信息！根据辅助线的作法，这条 $MEFK$ 是 EF 两端延长得到的线段，这时候我们不知道 K、M 是不是 BC、AD 的中点。

如果我们换一种方法作辅助线：取 BC 的中点 K，连接 FK。我们最终可以知道这条线实际上和刚才的 $MEFK$ 是同一条线，但是我们现在只能认为 K 是 BC 的中点，不知道 E、F、K 三点是不是在同一直线上。我们只能利用 K 是中点的性质，而不能利用 EFK 是一条直线的性质。

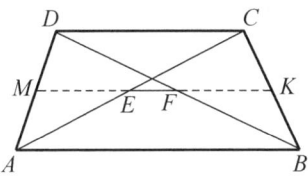

图 1.4

这个现象就是"**同线异名**"。你是"这样"作辅助线的，那么这条辅助线就是"这样"的含义；你是"那样"作辅助线的，那么这条辅助线就是"那样"的含义。

这是刚学几何的初中生常犯的错误，其原因大致有下面几种。

首先是逻辑上的问题，不懂得"怎么"定义的就得按"怎么"办，是一个数学定义基本性的特点。

其次是图形的干扰，"不小心"利用图形上未经证明的（但实际上是正确的）信息。

记住：**从某种意义上说，在数学里就得一切从定义出发！** 不过，"某种意义"这四个字需要说明一下。这是指在中学数学这个成熟的科学里，必

须一切从定义出发。但是在科学研究的道路上，以及生产、生活、政治社会的实践中，那就不是这样了。应该从实际出发，通过归纳，抽象出新概念来，然后对这个新事物的意义加以规定。不能把"一切从定义出发"这句话生搬硬套。

定义要有系统性

数学定义的第五个特点，是系统性。

小时候，常常会问大人，是先有鸡，还是先有蛋？

蛋是鸡生的，那么看来先有鸡。但是鸡是从蛋孵化出来的，看来又得先有蛋了。数学里也会遇到这样的追根究底的问题。但是数学处理得非常别致，非常妥帖。

在利用定义的方法明确概念的意义时，新概念要通过旧概念来下定义，如此追溯下去，打破砂锅问到底，这个过程不可能无止境地进行。有些概念就没有办法再下定义，如"点""直线""平面""集合""元素""量"等，这些概念叫作**原始概念**，或**不定义概念**。

在初等数学里，这些概念通常用描述的办法来揭示它的内涵。

例如，在几何学中，一些不定义概念通常是这样来描述的：

- 点是不可分的
- 线有长无宽
- 线的界是点
- 直线是这样的线，它对于它的任何点来说，都是同样地放置着的
- 面只有长和宽
- 面的界是线
- 平面是这样的面，它对于它的任何直线来说，都是同样地放置着的

这里似乎对"点""线""直线""面""平面"都下了定义，但是词句中用了"分""长""宽""界"等概念，而这些概念却都是没有定义过的，因而，上

述的语句不能算定义,只能算是一种描述。

有了这些原始概念,或者说不定义概念,才得到一系列的新概念,形成一个系统。这就是数学概念的系统性。

这些原始概念的语句是很难懂的。"点"竟然没有长宽高,"线"有长无宽,但是生活中哪个点没有大小,哪条线没有宽度?

笔者读高一时有平面几何课,那时候理论学得比较深。有一次老师讲到,两条线段 a、b,不一定能找到第三条线段 c,使 a、b 的长都是 c 的长的整数倍(c 就是 a、b 的公度)。这是很难懂的问题。

一个同学举手问:

"不是说,线段都是由点构成的吗?怎么会找不到公度呢?"

他的意思,"点"应该就是公度。

老师很机智地做出了回答:"那么请问,'点'有多长?"

这位挺聪明的同学"哑"了。

现在的教材里,这些问题都回避了,但是"逻辑先生"觉得,最好是了解一点点。如果读者有兴趣,可以参阅其他参考书。

小结一下

本节分析了数学中的定义的五个特点:必要性、合理性、确定性、基本性、系统性。

定义重在理解,切忌死记硬背。懂得了上面的知识,应该有助于理解。

练 习 4

1. 如图 1.5 所示,已知:点 D 在 BA 的延长线上,B、C、E 三点在一直线上,$\triangle ABC$ 是等边三角形,且 $DC = DE$,求证:$AD = BE$。

此题中添加的辅助线的作法有两种不同出发点的描述。

第一种描述:延长 BE 至 F,使 $AD=CF$,连接 DF。

第二种描述:过点 D 作 AC 的平行线,与 BE 的延长线交于点 F。

请按辅助线的两种不同的作法,完成证明。

2. 对于实数 A、B,定义运算 $*$:$A*B=2A+B$,求 $4*(-3)$。

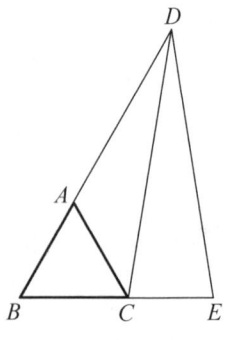

图 1.5

5. 不重复不遗漏的分类

武大郎开了家小店。一天,李逵和猪八戒到店里吃点心,看店里商品花样蛮多的,顾客也不少。不知道怎么的,今天他们俩突然想做做数学题。

李逵先数了一下,有18人吃大饼;猪八戒数的是吃油条的人数,有15人。

老板武大郎把这两个数一加,说:"哦!现在店里有33个顾客啊!可我的小店只有25个座位,怎么搞的?"

李逵、八戒也瞪大了眼睛,想不通:"怎么搞的?"

亲爱的读者,你能解决他们的疑问吗?

实际上,问题出在有人既吃大饼,又吃油条,像武大郎那样把这两个数一加,就出现了重复计数。

"逻辑先生"教导我们,思考问题一定要做到不重复、不遗漏。而想要做到这一点,就涉及概念的外延。

外延反映概念的范围

前面我们讲了概念的内涵,揭示内涵的方法是下定义。这节我们讲概念的外延。

所谓外延,就是这个概念所指的事物的范围。譬如,人这个概念包括了白种人、黄种人……也可以包括中国人、美国人、印度人……而三角形这个概念则包括了等腰三角形、直角三角形、三条边的边长分别是2、3、4的三角形……

内涵和外延反映了概念的两个方面。内涵反映的是质,外延反映的是量。

外延和数学里的集合有千丝万缕的关系,集合的关系、运算,甚至维恩图,都可以用到概念上,这就给我们提供了理解概念外延的一个直观的方法。

如图1.6所示,两个集合之间的关系是这样的:

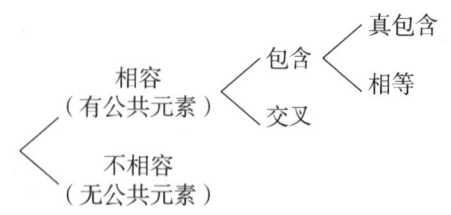

图 1.6

为什么说集合可以帮助我们理解概念的外延?

首先,集合可以帮助我们理解概念间的关系。如同集合一样,两个概念也有包含、交叉、不相容关系,甚至有同一关系和互斥关系。譬如,平行四边形和四边形这两个概念是包含关系(图1.7);四边形和三角形是并列关系,或者说是不相容关系(图1.8),它们都是"多边形"这个大概念下面的小概念;直角三角形和等腰三角形则是交叉关系(图1.9),它们都是三角形这个大概念下面的小概念。而"一个内角是直角的菱形"和"一组邻边相等的矩形"是同一关系,它们都是正方形。对于实数来说,有理数和无理数是互斥关系(图1.10)。互斥关系是不相容关系的特例。这一点我们稍微作点解释。

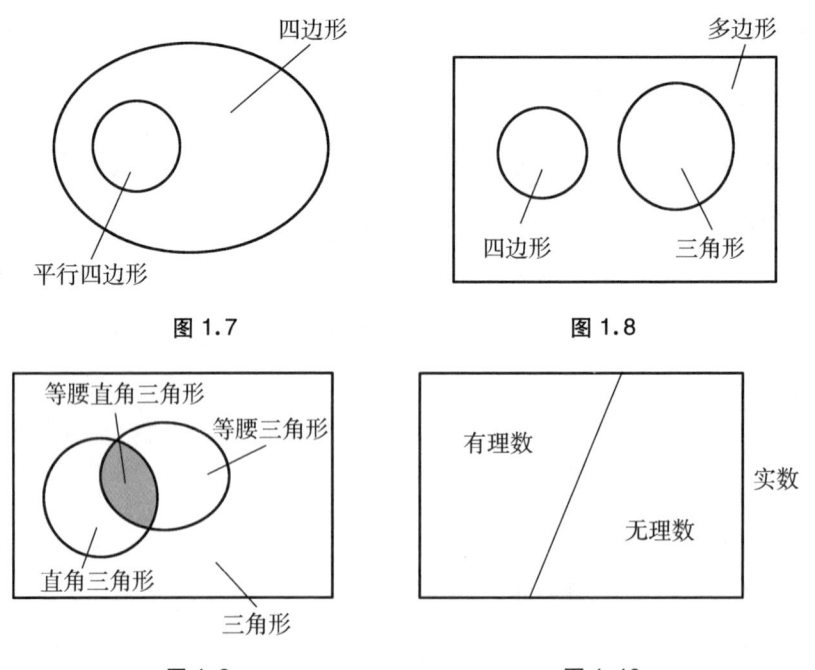

图 1.7　　　　　图 1.8

图 1.9　　　　　图 1.10

人们讨论问题时会约定一个总的范围(在集合里叫全集,在逻辑里叫论域)。譬如说"男人",一般是默认了在"人"这个大范围里讨论问题,我们说"不是男人"总是理解为"是女人",不会理解为"女人,以及狮子、老虎、苍蝇、蚊子,等等"(这是在动物的范围里讨论问题了)。不相容关系是指两个集合没有公共的元素,譬如"中国男人"和"越南男人"是不相容的,因为没有人既是"中国男人",又是"越南男人"。互斥关系是不相容关系的一种特殊情况。"男人"和"女人",他们之间是不相容的。也就是说,没有人既是"男人"又是"女人"(我们不是生物学的专业讨论,不要钻牛角尖哦),但是这两个概念之间还有一个特点:在我们约定的讨论范围"人"里,不是"男人"就是"女人",或者说不是"女人"就一定是"男人"。

一句话,通常的不相容的概念,允许存在既不是 A 又不是 B 的事物(允许第三方存在),而互斥概念则是不存在既不是 A,又不是 B 的事物(非我即他,不允许第三方存在)。实际上,从集合角度来看,这就是互补关系。

其次,集合可以帮助我们理解概念间的运算。概念间也可以运算?是的。概念间的运算和集合的运算相仿。

我们不少同学分不清集合的"关系"和"运算"两者的区别。举个例子,数 1 和数 2 是什么关系?从大小角度说,$1<2$。当然还可以从别的角度看,譬如从倍数关系看,2 是 1 的倍数。而数 1 和数 2,做个加法运算,就得到和 3。当然也可以做乘法、减法等。

看得出吗?"关系"是不产生后果的,什么我比你大,我是你的倍数,都是"纸上谈兵"而已;而"运算"是有后果的,加法运算得到和,乘法运算得到积。

集合的运算,就包括求交集、求并集、求补集这三种运算。概念的运算与此类似。

"直角三角形"和"等腰三角形"这两个概念的交是"等腰直角三角形"这个概念。反映在集合里就是集合的交集(图 1.9 中的阴影部分)。

"非负数"这个概念是"正数"和"零"这两个概念的并(图 1.11),反映在集合里就是并集。

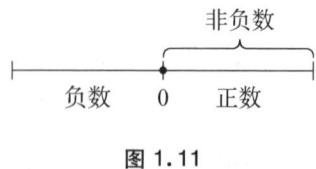

图 1.11

在实数范围里,有理数和无理数是互斥关系,这时候就可以说,"无理数"这个概念是"有理数"这个概念的余概念;反过来,"有理数"也是"无理数"的余概念。反映在集合里就是补集。

你看,这些关于概念的关系和运算,只要用数学的集合,三言两语就能讲清楚了,而且很形象。

划分要不重复不遗漏

外延反映概念的范围,但是要让这个范围明确起来,有一个手段——划分。所谓划分,就是把大概念分成几个小概念(从集合角度看,就是把一个大集合分割成互不相容的几个子集),分的时候要求不重复、不遗漏。

譬如,人可以划分成男人和女人,这两者没有重复,不存在既是男的又是女的的人,所以说也没有遗漏。

又如,把实数划分成有理数和无理数。这两者没有重复,也没有遗漏。

但是,常常有人有意无意地违背划分的规则,有时重复,有时遗漏。

说"整数可划分为正整数与负整数"是不正确的,因为漏掉了"零",应该说:"整数可以划分为正整数、零和负整数。"

"三角形可以划分为锐角三角形、直角三角形、钝角三角形、等腰三角形"是不正确的,因为等腰三角形与锐角三角形是交叉的关系。同样,等腰三角形与直角三角形、钝角三角形也是交叉关系。

"三角形可划分为等腰三角形、等边三角形、不等边三角形"也是不正确的,因为等边三角形是包含于等腰三角形的。

有些教材及参考书上把函数划分为奇函数、偶函数、非奇非偶函数。其实,这个划分是不正确的,因为存在着既奇又偶的函数 $y=0$。也就是说,这个划分重复了。

还有些参考书,把数列划分为递增数列、递减数列、常数列、摆动数列。这个提法也有问题,一般理解递增数列、递减数列是指严格单调的。按这种理解,这样的划分遗漏了如 1,1,2,2,3,3… 这种数列。如果把递增、递减数列理解为非严格单调的,那么,数列 1,1,2,2,3,3… 应理解为递增数列了。但是常数列既可以看成递增的,又可以看成递减的,划分又重复了。

这样的错误,你犯过吗?"逻辑先生"说,学数学,头脑清楚是最重要的。划分大概念时不重复,不遗漏,是我们所说的"逻辑脑"的核心内容之一。

划分其实是有标准的。通常来说,按一个标准划分比较简单,如果这个时候出错,特别是发生遗漏的错误,往往是因为粗心大意。根据笔者的看法,人们常常会遗漏一些"边角料"。因为人们往往对重大事件很重视,对少、小、旧的事物容易遗忘遗漏。譬如:"实数分为正实数和负实数",就是遗漏了"0"。

"正整数分为素数和合数",遗漏了"1",1 不是素数,也不是合数。

0 和 1,都是不起眼的"边角料"。

划分方法种种

有两个标准的时候,情况就复杂了,有些人对此种情形,常常显得手足无措。

上面提到的三角形的划分,实际上涉及了两个标准:按边划分、按角划分。遇到这种情况,教大家几个方法。

第一种是分步划分。

实数可以按正负划分,也可以按有理数、无理数这样的"数性"划分,至少有这么两个标准。我们可以先按一个标准划分,接着按另一个标准划分(如图1.12所示)。

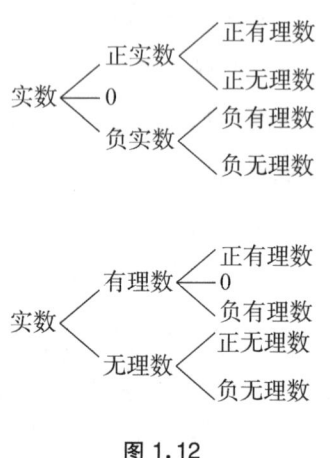

图 1.12

前面一种是先按大小划分(正,0,负),再按数性(有理,无理)划分。后面一种是倒过来划分。

这样的图叫树图,在划分和分析其他问题的时候很有用。所以分步划分,也可以称为树图划分。

第二种是表格划分。

利用横向和纵向,分别表示两个标准,横向按数性,纵向按正负,就可以得到一个表格,如表1.1所示。

表 1.1

实数	有理数	无理数
正数	正有理数	正无理数
0	0	
负数	负有理数	负无理数

表格划分可以一下子划分到底,如这里就把实数分成了正有理数、正无

理数、0、负有理数、负无理数,共 5 种情况。

第三种是维恩图划分。

表格划分和画维恩图有相似的地方,可以把每个小概念看得很清楚。当然,其好处是更形象。

如图 1.9 所示,"三角形"可以先按有没有直角进行划分,画一个圈,圈内表示"直角三角形",圈外则是非直角三角形。然后按有没有两边相等,再画个圈,圈内表示"等腰三角形",圈外表示不等边三角形。这样,整个区域(三角形)被分成四块。在两个圈外的部分,就是"既不是直角三角形,也不是等腰三角形"的三角形。

第四种是双向划分。

把多种标准的划分捏在一幅树图里,从左往右看,是细分成一个个小概念,然后再聚合成一个右边的大概念(如图 1.13 所示)。好处是便于分析对照。

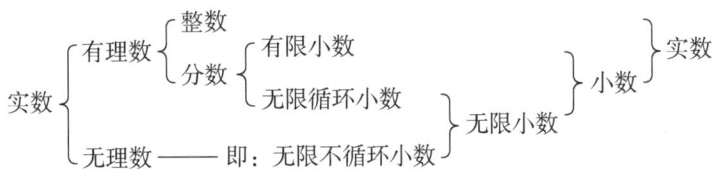

图 1.13

在日常工作和生活中,也会遇到下面那样的树图(如图 1.14 所示),它并不符合逻辑的划分要求。

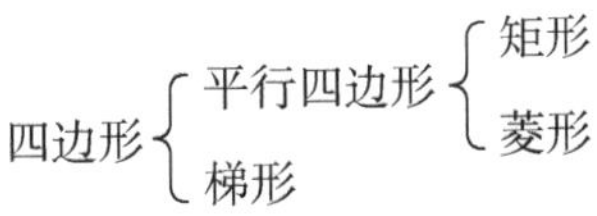

$$四边形\begin{cases}平行四边形\begin{cases}矩形\\菱形\end{cases}\\梯形\end{cases}$$

图 1.14

在第一层划分中,小概念之间有遗漏(平行四边形和梯形之外还有很多其他的四边形),在第二层划分中,则有重复(矩形和菱形的交集是正方形)。

那么这样的图可不可以用呢？我们自己尽量少用或干脆不用，但看到别人用了，你头脑里要清楚：它不是逻辑划分的图。这样的图可以修改成逻辑划分图，但是有时反而显得啰嗦，没有必要。譬如说，四边形分成平行四边形、梯形及"其他的"四边形。这就很别扭了。但如果错误理解了这张图，那你的思维可能会混乱。

数学好的同学，思考问题是有序的，这叫作有序思考。进行有序思考时，常常用到完成这事情有多少可能性，这就和划分有关。如果加上时间的因素，或者其他有先后的因素，应该先按顺序思考，再一一考虑后续的事情。**"逻辑先生"说，有序思考也是"逻辑脑"的核心内容之一。**

数学计数时有个分类分步原则，分类用加法，分步用乘法。一般这个原则在高中的排列组合里讲。其实，这个原则第一很重要，第二也很容易懂，所以这里提一下。

如果要到某地去，有三类方法可以实现。这三类方法是：公交、地铁、步行。具体的公交有 3 条线路，地铁有 2 条线路，步行当然只有 1 种办法。那么完成到该地去的方法一共有 3 + 2 + 1 = 6 种方法。这就是分类原则，计算时用加法。

如果要从一楼走到三楼，必须经过二楼。从一楼到二楼有 A、B、C 三个楼梯，从二楼到三楼有甲、乙两个楼梯。那么，完成从一楼到三楼这件事，有 3 × 2 = 6 种方法（A 甲，A 乙，B 甲，B 乙，C 甲，C 乙）。这是分步原则，计算时用的是乘法。

从逻辑划分角度看，分类原则和普通的划分相关，只是一个不要计数，另一个要计数而已。而分步原则和分步划分相关。分步划分是先按一个标准划分，再按另一个标准划分；分步计数原则是先数第一步有多少种方法，再数第一步里的每一个具体实施方法又有多少种方法。

好多数学题在解的时候需要进行讨论，这时候分类分步原则起了极大的作用。

现在有 A、B、C、D 四个歌手依一定次序表演独唱，A 不排第一，B 不排最后,问有多少种排法?

有人这么解:

A 排第一的排列有 P_3 种,B 排最后的排列有 P_3 种,所以 A 不排第一且 B 不排最后的排列有

$$P_4 - 2P_3 = 12(种)。$$

我们把这些情况做个划分,看看这个解法对不对。

$$\text{A、B、C、D 四人的全排列}(P_4)\begin{cases}\text{A 在第一}\\(P_3)\\\text{A 不在第一}\\(3P_3)\end{cases}\begin{cases}\text{B 在最后}(2P_2)\\\text{B 不在最后}(符合题意的排列)\end{cases}$$

或者用表格法划分为表 1.2。

表 1.2

A、B、C、D 四人全排列	A 在第一 P_3	A 不在第一 $3P_3$
B 在第四	P_2	$2P_2$
B 不在第四	$P_3 - P_2$	符合题意的排列

可见,符合题意的排列种数为

$$P_4 - P_3 - 2P_2 = 14(种),$$

或

$$3P_3 - 2P_2 = 14(种)。$$

在原先的划分中,"A 排第一"与"B 排最后"这两种情形是有重复的,其重复部分就是"A 排第一且 B 排第四"的排列(ACDB 及 ADCB),可见,原先的划分是不当的。

概念划分很重要,它可以培养我们思考问题不遗漏、不重复的习惯,帮助我们学会分类分步思考问题,让我们做事情、讲话有条有理。可惜,我们好多朋友都没有做到。你看某些产品说明书,常常条理不清,不是互相矛盾,就是漏洞百出,读了往往让人无所适从。

> **小结一下**
>
> 本节讲了概念的划分。明确概念的内涵的方法是下定义,而明确概念的外延的方法是划分。
>
> 集合是帮助理解概念间的关系及运算的好方法。
>
> 划分的关键是不遗漏、不重复。
>
> 按多个标准划分是个难点,分类讨论时常常用到分类分步的思想,这和划分有关。

练 习 5

1. 将正整数作表格划分:

正整数	奇数	偶数
素数		
合数		
1		

2. 将数列划分成等差数列和等比数列,是否恰当?

3. 将一元二次方程划分成二次项、一次项、常数项,可以吗?

4. 判断下列各对概念是什么关系:

(1) 有理数,无理数;

(2) 矩形,正方形;

(3) 四个内角都是直角的四边形,一个内角是直角的四边形。

第2章

命题篇（上）

1. 什么是命题

猪八戒成亲了,生了个小猪八戒。亲友们纷纷带着礼物前来祝贺。

武大郎笨嘴笨舌的,没有开口。挑了一担烧饼当作贺礼,引起大伙儿哄笑。

"这小八戒将来跟我上梁山吧!"李逵说。

"这孩子将来肯定能当大官。"司马光的贺词让老猪很开心。

只有阿凡提冷冷地说:"这小子一定会死的。"老猪听了气得要死,差一点和他打起来。

这里面有好多语句,有的语句不带判断性,只是叙述一件事而已,李逵的话就是如此;有的语句是带有判断性的,如司马光、阿凡提的话。

在带判断性的语句中,有的是真的,阿凡提的话就是真话,尽管听起来好像不吉利;有的话未必是真,司马光的话就是如此,只是好听而已。

命题和定理

生活中,我们会遇到很多种语句,如:

(1) 吃饭了吗?

(2) 张三是个高个子。

(3) 菱形是平行四边形。

(4) 菱形不是平行四边形。

(5) $x - 2 > -4$

(6) 如果三角形的两边相等,那么这两边所对的角相等。

(7) 每一个实数,它的绝对值都不小于0。

(8) $3 \geqslant 3$。

其中,有些语句是对某件事情有所判断,如(3),这样的句子叫作命题。有些语句则不是命题。下面对上面的句子一一加以讨论。

(1) 不是命题,是个问题。

(2) 不是命题,因为"高个子"没有明确的标准,无法确定其真假。

(3) 是命题,而且是个真命题。

(4) 是命题,但是个假命题。

(5) 不是命题。命题必有真假,此式中含有变元 x,当 x 取不同的值时,此式可以得真,也可以得假。这个问题后面会做专门的讨论。

(6) 是命题,而且是个真命题,只是它的结构比较复杂。

(7) 是命题,而且是个真命题,同样的,结构比较复杂。

(8) 是命题,而且是个真命题。后面会专门予以讨论。

关于命题,要讨论的有很多。

首先是命题的结构。

命题的结构有简单的,也有复杂的,如上面的(6)(7)就比较复杂。

最简单的命题,如(3)(4),其语言形式常常是主谓结构。"某某是什么"("S 是 P"),或者"某某不是什么"("S 不是 P")。其中的"某某"(S)是主词,"是什么"(是 P)是谓词。

复杂的命题将在下面的章节里陆续出现。

其次是命题里所作的判断,通常会有判断词,判断词常有肯定和否定

之分。

上面提到的"S 是 P"用了肯定词"是","S 不是 P"用了否定词"不是"。常用的肯定词和否定词还有"有"和"没有"等。

最后,最重要的是,命题有真假之分。

数学中有大量的定理,定理是经过证明的真命题。

猜想

数学中的定理必须经过证明,没有被证明的命题只能叫猜想。

著名的猜想有很多,20 世纪在数学界中的"网红"猜想就有三个。

第一个是哥德巴赫猜想。

哥德巴赫是德国的一位中学教师,也是一位数学家,生于 1690 年,1725 年当选为俄国彼得堡科学院院士。哥德巴赫 1742 年在给欧拉的信中提出了以下猜想:任一大于 2 的整数都可写成三个素数之和。哥德巴赫自己无法证明它,于是就写信请教赫赫有名的大数学家欧拉,但是一直到死,欧拉也无法证明它。

这个猜想,后来常常陈述为"任一大于 2 的偶数都可写成两个素数之和",也就是所谓的"1 + 1"。多少年来,多少数学家千辛万苦,绞尽脑汁都没有证明出来。目前最好的成果是我国数学家陈景润做出的。

陈景润在极其艰苦的条件下,花了几年的时间,最终论证了"1 + 2",即任一充分大的偶数都可以写成一个素数和最多不超过两个素数之积的和。虽然很接近"1 + 1"的结论了,但哥德巴赫提出的命题还是只能叫猜想。1978 年,作家徐迟写了著名的报告文学《哥德巴赫猜想》,把陈景润的成果和事迹传遍大江南北,极大地鼓舞了中国人。

第二个是费马大定理。

大约在 1637 年前后,法国学者费马在阅读丢番图的《算术》拉丁文译本时,曾在书中的一个问题旁写道:

"将一个立方数分成两个立方数之和,或将一个四次幂分成两个四次幂之和,或者一般地将一个高于二次的幂分成两个同次幂之和,这是不可能的。关于此,我确信已发现了一种美妙的证法,可惜这里空白的地方太小,写不下。"

当初叫它大定理,其实是不正确的,应该叫猜想。这个猜想整整困扰了数学界 300 年。

1993 年,英国数学家怀尔斯在一次学术会议上分三次公布了他的证明,虽然被发现有缺陷,但怀尔斯很快修补了漏洞,最终完成命题的证明,这时候才可以真正称其为定理。

第三个是著名的四色定理。

1852 年,英国青年地图制作员格斯里发现每一幅地图只要用四种颜色着色,就可以把各个国家区分开来,但是讲不清理由。于是他请教了德·摩根和哈密顿等数学家,却没有得到结果。这样,"四色猜想"就形成了。

之后,也有很多著名数学家研究了这个问题,但都以失败告终。

直到 1976 年,美国数学家阿佩尔和哈肯使用电子计算机,花了 1200 小时,终于以枚举的方式证明了这个猜想。在不少人怀疑"计算机证明是否有效"的声音中,"四色猜想"成为"四色定理"。

猜想变成定理,有时是很艰难的过程。

数学证明

命题成为定理,必须得到证明。而且数学的证明,必须是理论上的证明,不能以实验来代替。这和其他学科是完全不同的。

定理 A,可由另一个定理 B 证明;定理 B,可由另一个定理 C 证明……如此追溯下去,到哪里是个头呢?

数学里,有一套公理体系,就是以一些最基本的、大家公认的道理作为出发点。

譬如欧几里得几何就由五条公理组成。它们是：

1. 过相异两点，能作且只能作一条直线（直线公理）。

2. 线段可以任意地延长。

3. 以任一点为圆心、任意长为半径，可作一圆（圆公理）。

4. 凡是直角都相等（角公理）。

5. 两直线被第三条直线所截，如果同侧两内角和小于两个直角，则两直线会在该侧相交。

第 5 条公理又叫作平行公理，因为它等价于：

过直线外一点，可作且只可作一直线与此直线平行。

之后，由于这条公理的变更，引出了非欧几何（罗巴切夫斯基几何与黎曼几何）这样的伟大发现。

"逻辑先生"建议，教材里要讲点公理体系知识。

> **小结一下**
>
> 本节讲了命题的概念。命题是带有判断的句子。
>
> 命题结构有简单的，也有复杂的。最简单的命题的结构是主谓结构，其中的谓词常常有两种：肯定的（如"是""有"等）和否定的（如"不是""没有"等）。
>
> 命题一定有真假。定理是经过证明的命题，未经证明的只能叫猜想。
>
> 数学定理有个系统，出发点是一套公理。

2. 与、或、非

有一次,张三在参考书上看到了一个式子:3≥3。心想:3 怎么可以既大于3,又等于3呢? 于是他去问老师,书上是不是写错了?

老师不吭声,对全班同学说:同学们,3≥3 对不对啊?

李四说对,王二麻子说错……亲爱的读者,你认为呢? 其实,回答这个问题的错误率是很高的。据说,有位老师申请职称晋级,交了一篇论文就是关于"3≥3 对不对?"的,结果他讲错了,一下子被否决了。

要回答这个问题,让我们从头说起。

说说"与(且)"字

在数学的表达里,我们会遇到很多的连接词,和,与,或,或者-或者,如果-那么……两个命题(我们叫它基本命题)用一个连接词连起来,会得到一个新命题,叫作复合命题。

譬如,"2 是正数""2 是整数"这两个命题,用一个连接词"且"连接起来,就是:"2 是正数"且"2 是整数"。

这也是一个命题。这样用了"且"的复合命题叫作"**合取命题**"。这个名词有点拗口,在我们这本通俗的小册子里,就叫它"**与命题**"吧!

在"2 是正数"和"2 是整数"这两个基本命题中,主词是相同的,在汉语里,它们的合取命题(与命题)可以简约为:"2 是正数且是整数。"也可以干脆写成"2 是正整数。"

"2 是正数"和"3 是正数",在这两个基本命题中,"是正数"是相同的,那么它们的合取命题(与命题)可以简约为:"2 和 3 都是正数。"

注意:这种情况下,汉语里常常添加一个副词"都"。"**都**"这个副词很重要,我们在学习时需要引起重视。

自然语言太丰富多彩了,和连接词"与"意义相同的,有"且",有"既……又……",有时还用"和"字等。不过,在数学里,笔者主张慎用"和"字,因为"和"字的意义太丰富了,很容易产生歧义。

有时,自然语言里的有些词,仅仅起了修辞的作用,从逻辑上来说,还是"与"的意思。譬如:

"3 不但是素数,而且还是奇数。"

"虽然 2 是偶数,但 2 不是素数。"

其中,"不但……而且……"(有递进的意思),"虽然……但……"(有转折的意思),两者的语感是不一样的。但逻辑是不理会语感什么的,只看内容间的关系,它们都起了"与"的作用。

"逻辑先生"认为,必须排除这种复杂词语的干扰,为此,我们引进一个符号"$\wedge$",并且把它的意义用真值表的方式固定下来,这样就可以确保它的单义性。

从语言上说,或者从传统逻辑上说,"与"(以及后面说到的"或"和"非")是连接词,从数理逻辑的角度说,它是命题的一种运算。(这是非常重要的观点!)"2 是正数且是整数"可以看成"2 是正数"以及"2 是整数"这两个命题,作"$\wedge$"的运算,这种运算叫"合取",得到的复合命题叫合取命题(与命题)。

两个命题 P、Q,以及它们的与命题 $P \wedge Q$ 之间的真假情况如表 2.1 所示。

表 2.1

P	Q	$P \wedge Q$
真	真	真
真	假	假
假	真	假
假	假	假

只有当 P、Q 都是真命题的时候,$P \wedge Q$ 才是真命题,否则都是假命题。

你看,数理逻辑把"与"看成一种运算,可以排除语感的干扰,让我们不必绞尽脑汁,去想它的意思,仅仅从基本命题 P、Q 的真假就可以判断与命题 $P \wedge Q$ 的真假。这是逻辑学上的一个非常重要的飞跃!

比如,假定用 $P(\ )$ 表示"是素数",用 $Q(\ )$ 表示"是偶数",那么 $P(7)$,$P(2) \wedge Q(2)$ 分别代表什么意思?

$P(7)$ 代表"7 是素数。"$P(2) \wedge Q(2)$ 代表"2 是素数,且 2 是偶数。"

又如函数 $y = \dfrac{\sqrt{x}}{x-3}$ 的定义域为:

$x \geq 0$ 且 $x \neq 3$。

从逻辑上说,就是在求两个命题的与命题,即 $(x \geq 0) \wedge (x \neq 3)$。

所以,其定义域为 $[0, 3) \cap (3, +\infty)$。

说说"或"字

另一个连接词"或",和"与"的意义不同。逻辑上可用符号"$\vee$"表示,用它连接的复合命题 $P \vee Q$ 叫**析取命题**,我们简单地叫它"**或命题**"。它的意义由下面的真值表规定(表 2.2)。

表 2.2

P	Q	$P \vee Q$
真	真	真
真	假	真
假	真	真
假	假	假

只有当 P、Q 全是假命题的时候,$P \vee Q$ 才是假命题,其余都是真命题。

和"与命题"相比,"或命题"比较难理解一些。

首先,在汉语里,"或命题"的用词更复杂。有"或",有"或……或……",有"或者……或者……",有"可能……可能……",还有"也许……也许……",它们都是析取的意思,有时还可以用"至少有一个……"。

譬如,"2>0"或"2 是有理数",这两个基本命题的主词相同,可以简约为:"2 大于 0 或是有理数。"

"2 是有理数"或"3 是有理数",这两个基本命题的谓词相同,可以简约为:"2、3 中至少有一个是有理数。"

"逻辑先生"说,在数学学习中,区分"与命题"和"或命题",是很重要的。

你能不能看懂下列复合命题的意义,并判断它们的真假?

(1) $(2^2=4) \wedge (\sqrt{9}=\pm 3)$;

(2) $(2^2=4) \vee (\sqrt{9}=\pm 3)$。

命题(1) 是由两个基本命题$(2^2=4)$和$(\sqrt{9}=\pm 3)$经过与运算组成的"与命题"。因为$(2^2=4)$是真命题,而$(\sqrt{9}=\pm 3)$是假命题,根据"与命题"的真值表,本题是假命题。

命题(2) 是由两个基本命题$(2^2=4)$和$(\sqrt{9}=\pm 3)$经过或运算组成的"或命题"。因为$(2^2=4)$是真命题,而$(\sqrt{9}=\pm 3)$是假命题,根据"或命题"的真值表,本题是真命题。

下面是一个错解,你知道错在哪里吗?

解不等式

$$x^2+x-6>0。$$

错解

$$(x-2)(x+3)>0。$$

$$\because \begin{cases} x-2>0, \\ x+3>0, \end{cases} \begin{cases} x-2<0, \\ x+3<0, \end{cases}$$

$$\therefore \begin{cases} x>2, \\ x>-3, \end{cases} \begin{cases} x<2, \\ x<-3, \end{cases}$$

$$\therefore \quad x > 2, \quad x < -3, \text{矛盾}。$$

所以，原不等式无解。（也有人认为是 $-3 > x > 2$。）

显然，这里是把"析取"错当做"合取"了。其实，如果我们在教学中强调多写一个"或"字，如写成

$$\begin{cases} x-2>0, \\ x+3>0, \end{cases} \text{或} \begin{cases} x-2<0, \\ x+3<0。 \end{cases}$$

后果将会好得多。

其次，"或"字容易产生歧义。譬如："不论是 2，或是 3，都是有理数。"

看起来用了"或"字，其实，此句的意义是："2，3 都是有理数。"就是"2 是有理数且 3 是有理数。"

主词里有几个对象，用或字连接，这时候不一定是"或命题"，也可能是"与命题"。

最后，"或"字有"可兼"和"不可兼"的区别。例如："2 是有理数或 3 是有理数"。这里的"2 是有理数"和"3 是有理数"可以同时发生，因此这里的"或"是"可兼"的或。

又如："2024 年元旦，天安门广场上的国旗 5 点钟升，或是 6 点钟升。"这里的"5 点钟升"和"6 点钟升"不能同时发生，"5 点钟升"了，就不可能"6 点钟升"，反过来也一样，因此这是"不可兼"的或。

现在来看本文开头的题目，即 $3 \geqslant 3$ 对不对的问题。很多同学，甚至老师的教研活动中，常常会为"$3 \geqslant 3$"是不是真命题，争得面红耳赤。这里分析一下。

"$3 \geqslant 3$"涉及"析取"这个运算，也就是涉及"或"这个连接词。其实，"$3 \geqslant 3$"就是

"$3 > 3$"或"$3 = 3$"。

前面说过，只要命题 P, Q 中有一个为真，析取式复合命题"$P \lor Q$"就是真的，只有命题 P, Q 全为假时，"$P \lor Q$"才是假的。"$3 > 3$"和"$3 = 3$"这两个命题中，"$3 = 3$"是真的，尽管另一个"$3 > 3$"是假的，但"$3 \geqslant 3$"还是个真

命题!

说到这里,大家可能还是想不通。问题出在,自然语言中的"或",有"可兼"的或和"不可兼"的或的区别。

"3≥3"里的"≥"是"不可兼"的或,两者不能同时为真。但是这不妨碍它还是符合"或"的基本特性;只要命题 P、Q 中有一个为真,$P \vee Q$ 就是真的。

老师们在用词时,"可兼"的或可用"或","或者……或者……"来表述;而"不可兼"的或,最好用"要么……要么……"来表述。

譬如说,将上面另一句话改成:"2024 年元旦,天安门广场上的国旗要么 5 点升,要么 6 点升。"

这样讲,就顺耳多了。

上面讨论的"与"和"或"的问题,在电学里大有用处。

串联电路多么像逻辑里的合取啊!两个电珠都正常,电路才正常;有一个坏了,整个电路就不通了(如图 2.1 所示)。

并联电路多么像逻辑里的析取啊!两个电珠都坏了,电路才不通;有一个正常,整个电路就能保持正常(如图 2.2 所示)。

历史上,数理逻辑正是从这个角度发端的,其先驱者叫布尔。所以,与此有关的数学(逻辑)知识又叫布尔代数。

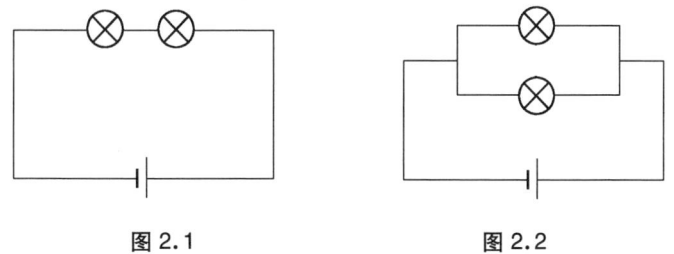

图 2.1　　　　　　图 2.2

说说"非"字

前面讲了合取(与)、析取(或)两种运算,还有一种"非"运算,又叫"**命**

题的否定"。譬如在"2 是正数"中加个"非"字,成了"2 并非是正数。"

这是一个新的命题,它的真假和原来命题相反。如果原来的命题记作 P,那么它的否定记作 $\neg P$,它的真值见表 2.3。

表 2.3

P	$\neg P$
真	假
假	真

"非"字也可以看成连接词,虽然有点勉强。否定 $\neg$ 也是一种运算,不过它和"与""或"有点不一样。"与""或"参与的运算需要有两个命题,否定参与的运算是一个命题。

这里首先对几个词语进行辨析。

第一,"命题的否定"和"带否定词的命题"不同。

命题由主词+谓词构成,谓词里常常用"是＊＊""不是＊＊""有＊＊""没有＊＊"这样的判断词。带有"不是""没有"之类的命题是带否定词的命题。

命题的否定是相对性的,不一定要用否定词表达。"张三是男人"不带否定词,但是它是"张三不是男人"的否定。"2 是偶数"的否定是"2 不是偶数","2 不是偶数"的否定是"2 是偶数"。

第二,"命题的否定"和"否命题"是两码事。

否命题是针对后面会讨论的命题四种形式中的原命题说的。不是任何命题都有否命题,但任何命题都有否定。

一个简单命题的否定,是容易做出来的,只要将命题中的"是"改成"不是","有"改成"没有"就可以了。

试着说出下列命题的否定。

(1) A 点在直线 l 上。

(2) 方程 $x^2+3x-1=0$ 没有实根。

问题(1):A 点不在直线 l 上。

问题(2):方程 $x^2+3x-1=0$ 有实根。

普通命题的否定很容易理解,但是复杂命题的否定一直是逻辑上的难点,我们将在后面一一分析。

小结一下

本节学习了两个命题的三种连接方式,从数理逻辑角度说是三种命题运算:合取(与)、析取(或)、否定(非)。合取(与)、析取(或)、否定的意义用真值表来规定,不会产生歧义。我们要善于从自然语言的外壳里看透逻辑本质,学会适度形式化。

合取、析取的意义不同,但一不小心会混淆,一定要当心,不要犯错误。而否定则更难懂。

练习 6

1. 确定下列命题的真假:

(1)"2 是有理数"∨"3 是无理数";

(2)"2 是有理数"∧"3 是无理数"。

2. 说出下列命题的否定,并说出否定后的命题的真假:

(1) 三角形内角和等于 180 度;

(2) 3 < 2。

3. 下列命题可以看成什么命题的复合命题?

四边形、五边形都是多边形。

4. 把两句话简约成一句:

(1) 5 是奇数,7 是奇数;

(2) 8 是合数,也是偶数;

(3) 3 是奇数,4 是奇数,5 是奇数。

3. 如果……那么……

一天,快乐三兄弟张三、李四、王二麻子畅想未来。

张三:"如果我将来成了大款,那么一定要办 100 所希望小学。"

李四:"如果我将来做了医生,那么我要消灭各种传染病。"

王二麻子:"如果我有一天当了乞丐,那么一定到张三老兄那里要饭吃。"

大家大笑:"你怎么会当乞丐呢?"

王二麻子:"我是说'如果'呀。"

这段对话中都用了"如果……那么……"的句式。张三会不会成为大款?李四能不能做医生?王二麻子会不会当乞丐?都未必。

第四种运算——蕴含命题

除了前几节讲到的与、或、非三种复合命题外,我们常常遇到一种用连接词"如果……那么……""假设……则……""当……有……"等连接起来的复合命题。特别是在数学里,好多定理都是这种句式。譬如:

"如果 $a > b > 0$,那么 $a^2 > b^2$。"

"在 $\triangle ABC$ 中,当 $\angle C$ 是直角时,有 $a^2 + b^2 = c^2$。"

这种句子由两部分构成,这两部分拆开来看,其实都是一个命题。"如果"这个词后面的部分叫前件,或者叫条件,"那么"这个词后面的部分叫后件,或者叫结论。我们可以把前件记作 P,后件记作 Q,这样一来,整个复合命题记作"$P \to Q$",在逻辑里,这样的命题叫**蕴含命题**,**或条件句**、**假言判断**。从数理逻辑角度说,"$\to$"也是一种运算。

我们说过,命题一定有真假。那么蕴含命题的真假是怎样的呢?

通常认为,如果后件是依赖于前件的,那么说 $P \to Q$ 是真的;反过来,如果后件不依赖于前件,那么说 $P \rightarrow Q$ 为假。但是数理逻辑却另外作了规定,有兴趣的读者可阅读本书后面的"讨论篇"。

改写为蕴含命题

数学里,大多数定理是用蕴含命题的形式表达的,但不是每一个定理都可以改写成"如果……那么……"的形式(可参见后面的讨论篇)。

老师很强调把一个定理改写成"如果……那么……"的形式。而在这方面,有同学会遇到困难。譬如:"对顶角都相等。"

有些同学会硬生生地把一句话拆成两段:

$$\text{"如果对顶角,那么相等。"} \tag{1}$$

我们说过,条件、结论都是完整的句子,这样改写,前面的条件、后面的结论都是不成句子的,所以应该适当添上些词语,成为:

$$\text{"如果两个角成对顶角,那么这两个角相等。"} \tag{2}$$

前后件都要成为一个完整的句子,这是改写蕴含命题时必须注意的事项。

另外需要注意的是,指示代词和人称代词的用法也常常造成改写错误。

所谓指示代词是这个、那个,而人称代词是你、我、他(它)等。它们既然是"代"词,就是代替别的东西的。前文里提到某个人,譬如"阿凡提",后文就可以用"他"来代替了。但是如果没有这个前文,你直接说"他是个聪明人",人家就不知道这个"他"是哪一位,会感到莫名其妙的。

上面语句(2)里的结论里用了"这",就是代替条件里说的"两个角"的。

如果改写成下面的语句:

$$\text{"如果两个角成对顶角,那么它们相等。"} \tag{3}$$

这也是可以的。(2)里用了指示代词,(3)里用了人称代词。

所以,代词的正确使用也是改写命题的关键。"逻辑先生"提议,想学好数学,绝对不能忽视语文。

命题的四种形式

数学里有个内容叫命题的四种形式,这个提法是专门针对蕴含命题"$P \to Q$"的。所谓命题的四种形式是指,从一个蕴含命题"$P \to Q$",利用相同的"素材"P 和 Q,可以制造出四个不同的蕴含命题来。但是,这个提法往往让人误解成似乎"所有的"命题都可以翻写成四种形式。其实上文提到过,并不是每个命题都可以改写成"如果……那么……"的形式的。但是语言学的最大特点是约定俗成,大家都叫"命题的四种形式",我们就只能用这个词了。

所谓的四种形式分别是:**原命题**、**逆命题**、**否命题**、**逆否命题**。

如果原命题是 $P \to Q$,那么逆命题是 $Q \to P$(前后件颠倒),否命题是 $\neg P \to \neg Q$(前后件都改成它的否定),逆否命题是 $\neg Q \to \neg P$(前后件颠倒,再各自否定)。

这四种形式是相对的,其中任何一个都可以作为原命题。

这里出现了"否命题",它和上节里说的"否定"是两个容易混淆的词,要注意区别。

命题的否定,前面讲过,就是和原来的命题真假相反的命题。**任何命题都有它的否定**。而否命题只针对蕴含命题 $P \to Q$,也就是"如果……那么……"这样的命题而言的,**不是每个命题都有否命题**。

例如,原命题:若 $3 > 2$,则 $3 + 1 > 2 + 1$。

逆命题:若 $3 + 1 > 2 + 1$,则 $3 > 2$。

否命题:若 $3 \leq 2$,则 $3 + 1 \leq 2 + 1$。

逆否命题:若 $3 + 1 \leq 2 + 1$,则 $3 \leq 2$。

再如,原命题:若两角是对顶角,则它们相等。

逆命题:若两角相等,则它们是对顶角。

否命题:若两角不是对顶角,则它们不等。

逆否命题:若两角不等,则它们不是对顶角。

有些同学在写逆命题、否命题、逆否命题时,也会遇到语言方面的困难。譬如,原命题是"若两角是对顶角,则它们相等。"如何将它改写成逆命题?有同学写成:

"若它们相等,则两角是对顶角。"

这里的"它们"指什么?让人莫名其妙。这类错误还是在于指示代词运用出了问题。

又如,原命题为:

"如果一个三角形是等腰三角形,那么两底角相等。"它的逆命题不能写成:

"如果两个底角相等,那么一个三角形是等腰三角形。"而应该写成:

"如果一个三角形中有两内角相等,那么这个三角形是等腰三角形。"

这里面,既有指示代词使用不当的问题,又有"底角"这个词缺少前提的问题。还不知道是不是等腰三角形,哪来的底角呢?

搞明白四种形式命题的变换,我们还要研究四个命题的真假关系。

原命题和它的逆命题,叫互逆关系,互逆关系是相对的,原命题是 $P \rightarrow Q$,那么 $Q \rightarrow P$ 是它的逆命题;反过来,$P \rightarrow Q$ 也可以看作 $Q \rightarrow P$ 的逆命题。

原命题和它的否命题,叫互否关系;原命题和它的逆否命题,叫作互逆否关系。同样的,互否关系、互逆否关系也是相对的(如图 2.3 所示)。

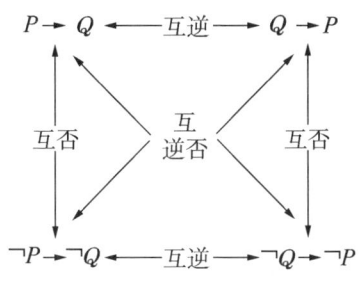

图 2.3

原命题是真的,并不能保证它的逆命题、否命题是真的;但原命题和它的逆否命题同真假。

因为原命题和它的逆否命题真假情况相同,所以有时候,要证明原命题可以改证它的逆否命题。

原命题为真(就是定理),它的逆命题不一定是真的。如果逆命题也是真的,那么就可以称它为这个定理的逆定理。

但是,有同学误认为定理的逆命题一定是真的。

如图2.4,两不等圆交于 P、Q,AB、CD 为两条外公切线,求证:$AC \mathbin{/\mkern-2mu/} PQ \mathbin{/\mkern-2mu/} BD$。

错证 延长 PQ 分别交 AB、CD 于 E、F。

∵ $EA^2 = EP \cdot EQ = EB^2$,

∴ $EA = EB$。

同理 $FC = FD$。

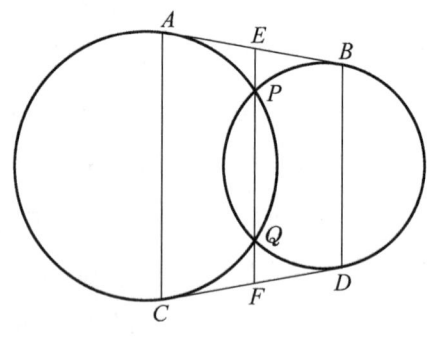

图2.4

∴ $\dfrac{AE}{EB} = \dfrac{CF}{FD}$,

∴ $AC \mathbin{/\mkern-2mu/} EF \mathbin{/\mkern-2mu/} BD$(平行线截得比例线段定理之逆)。

这个证明错在误以为平行线截得比例线段定理的逆命题为真。其实这是不对的。

也有同学分不清原定理和它的逆定理。譬如,利用"$c^2 = a^2 + b^2$"证得某个三角形是直角三角形,这是不错的。但是在追问它的依据时,却回答说"根据勾股定理",那就不对了,其实是根据勾股定理的逆定理。

第五种运算——互蕴

数理逻辑认为,两个命题之间有五种运算(相当于五种连接词),前面讲了与($\wedge$)、或($\vee$)、非($\neg$)及蕴含($\rightarrow$),第五种叫**互蕴**,用记号"$P\leftrightarrow Q$"表示。

当$P\rightarrow Q$、$Q\rightarrow P$都为真的时候,或者$P\rightarrow Q$、$Q\rightarrow P$都为假的时候,就说"$P\leftrightarrow Q$"是真的,也就是P,Q同真假。其余情况都认为"$P\leftrightarrow Q$"是假的。其真值表如表2.4所示。

表 2.4

P	Q	$P\leftrightarrow Q$
真	真	真
真	假	假
假	真	假
假	假	真

小结一下

本节首先讲了蕴含命题。从数理逻辑角度看,这是命题的第四种运算"$P\rightarrow Q$"。传统逻辑认为,结论的真假依赖于条件。

数学里,蕴含命题是比较难的地方,主要是自然语言方法的障碍。要学会把一个定理改写成"如果……那么……"的形式;会写出一个命题的逆命题、否命题、逆否命题。

理解命题四种形式之间的真假关系,不能随意地把"逆命题"叫成"逆定理"。

最后讲了互蕴命题"$P\leftrightarrow Q$"。

练 习 7

1. 把下列命题改写为蕴含命题：

（1）同圆的半径相等；

（2）三角形内角和等于180°。

2. 写出下列命题的逆命题、否命题、逆否命题，并指出这些命题的真假：

（1）如果一元二次方程的判别式等于0，那么这个方程有两个相等的实数根；

（2）如果一个数是9的倍数，那么它一定是3的倍数。

4. 充分与必要

充分条件和必要条件一直都是逻辑学习中让人头痛的难点，这主要还是因为自然语言的干扰。

"充分"一词，就是"有 P 必定可以得到 Q。"此时，P 是 Q 的充分条件。

"必要"一词，就是"没有 Q（Q 不成立），就得不到 P。"此时，Q 是 P 的必要条件。这个词比"充分"更难掌握。前辈数学家赵慈庚说，把"必要条件"改为"必然结果"就比较容易理解些。

关于这两个词，记住这些就够了。有些教辅图书上，把这两个词正正反反地进行解释，可能反而把同学们弄糊涂了。"逻辑先生"认为，好的老师或者好的教辅图书，应该把复杂的事情讲得简单明了，千万不要啰唆，把简单事情复杂化。

充分，必要，关键看什么？

讨论充分条件和必要条件，有个前提，那就是蕴含命题 $P→Q$ 是真的。有些同学只要看到一个命题，总把它当作真的（其实可能是假的，也可能真假不能确定），其实这是误解。

在这个前提下，组成蕴含命题 $P→Q$ 的前件和后件两个部分，就是我们要讨论的充分条件和必要条件的对象，其核心问题是讨论 P 和 Q 之间的关系。

1. 所谓充分条件和必要条件，是相对的一种说法。不能说"某某是充分条件"，"某某是必要条件"，只能说"某某是另一个某某的充分（必要）条件"。

怎么确定谁是谁的充分（必要）条件？语言是千变万化的，譬如下面这些连接词，都和充分条件、必要条件有关。

"有了……就有……"

"要有……必须……"

"要有……只需……"

"只要……就有……"

"要……成立,只要……"

"只有……才有……"

"除非……否则……"

因此,这样思考问题是特别费心费力的。那么,从哪个角度思考比较好呢?

笔者建议,不要从语言角度去思考,而是利用逻辑的形式化功能:把这两句话连起来,看谁可以推出谁,就可判断 $P \to Q$ 为真,还是 $Q \to P$ 为真。

如果蕴含命题 $P \to Q$ 是真的,那么就说:P 是 Q 的充分条件,即"有 P 必定可以得到 Q。"这时候,$P \to Q$ 的逆否命题 $\neg Q \to \neg P$ 也为真,即"没有 Q 就得不到 P。"也就是说,Q 是 P 的必要条件。切记! 这是最佳的判别方法。

譬如,下面两个命题:

$$140 \text{ 是 } 4 \text{ 的倍数。} (P)$$

$$140 \text{ 是 } 2 \text{ 的倍数。} (Q)$$

谁是谁的充分条件(必要条件)呢? 我们先检验,是 $P \to Q$ 为真,还是 $Q \to P$ 为真? 因为 4 的倍数必是 2 的倍数,所以是 $P \to Q$ 为真。于是,用充分条件、必要条件的术语,上述事实可以叙述为:

"140 是 4 的倍数"是"140 是 2 的倍数"的充分条件,

或

"140 是 2 的倍数"是"140 是 4 的倍数"的必要条件。

同样的,原先用充分条件、必要条件这些术语来叙述的事实,也可以转化为形式化的式子,使人一目了然。

譬如,求证:$\angle A = \angle B$ 的必要条件是 $\sin A = \sin B$。题目的意思是说

$$\sin A = \sin B \quad (P)$$

是

$$\angle A = \angle B \quad (Q)$$

的必要条件,即求证:

$$Q \rightarrow P \text{ 为真}。$$

所以,本题应从 $\angle A = \angle B$ 出发,证明 $\sin A = \sin B$。

数学里有些判别法或判别式,常常是利用了充分条件。譬如,一个数列单调有界,根据判别法则,这个数列一定有极限。又如,当 $b^2 + 4ac > 0$ 时,则一元二次方程 $ax^2 + bx + c = 0$ 有两个不等实根。

也有些判别法,则是利用了必要条件。譬如,9 余数检验法。所谓 9 余数是指,把一个整数的各位数字加起来,除以 9 所得到的余数。以下定理就是 9 余数检验法的根据。

如果整数 $A * B = C$(记作命题 P),那么 A、B、C 的 9 余数(姑且记作 A'、B'、C')满足 $A' * B' = C'$(记作命题 Q)。则有

$$P: "A * B = C" \rightarrow Q: "A' * B' = C'"。$$

于是,Q 是 P 的必要条件。即如果"$A' * B' = C'$"不成立,那么"$A * B = C$"也不成立。

比如,要检验 $123 + 294 = 317$。

123 的 9 余数是 6,294 的 9 余数是 6(2、4、9 之和等于 15,1、5 之和等于 6),故左边两个数的 9 余数之和等于 12,12 的 9 余数是 3。

算式右边 317 的 9 余数是 2,两者不相等,所以算式是错的。

但是,如果 9 余数检验没有出现问题,不能说明原来的运算正确,即 $A' * B' = C'$,不能保证 $A * B = C$。

同理,分式方程的根的一个检验方法是,把求得的根代入原方程的分母,如果分母等于 0,那么这个根肯定是增根或者别的原因造成的错根。如果将求得的数代入,分母不为 0,不能说明这个数真的是方程的根。

当且仅当

如果 $P \rightarrow Q$ 为真,$Q \rightarrow P$ 也是真的,那么就说,P 是 Q 的充分条件,也是

Q 的必要条件。这时候就说，P 是 Q 的**充要条件**。通常用自然语言"**当且仅当**"来表示。譬如，

"一元二次方程有两个相等实数根的充要条件是这个方程的判别式 $\Delta=0$。"或者说成：

"一元二次方程有两个相等实数根，当且仅当这个方程的判别式 $\Delta=0$。"

充要条件在轨迹里用得特别多。

"到定点 O 距离等于定长 r 的点的轨迹是以 O 为圆心、r 为半径的圆"、这句话包括两个方面：

"到定点 O 的距离等于定长 r 的点在以 O 为圆心、以 r 为半径的圆上"（完备性）。

"以 O 为圆心、以 r 为半径的圆上的点到定点 O 的距离等于定长 r"（纯粹性）。

可以说，"点 X 到定点 O 的距离等于定长 r"的充要条件是"点 X 在以 O 为圆心、r 为半径的圆上"。

有些判别法则是用了充要条件。如一元二次方程根的判别式就有以下几种情况：

$\Delta>0 \leftrightarrow$ 有两个不相等的实数根

$\Delta=0 \leftrightarrow$ 有两个相等的实数根

$\Delta<0 \leftrightarrow$ 没有实数根

可以由判别式的情况判断根的情况，反过来，也可根据根的情况得到判别式的大小。

> **小结一下**
>
> 本节建议摒弃用自然语言思考的习惯，而采用一个简单的判别法，就是如果 $P\rightarrow Q$ 是真的，那么说 P 是 Q 的充分条件，Q 是 P 的必要条件。如果 $P\leftrightarrow Q$ 是真的，那么说 P 是 Q 的充分必要条件。很多判别法和充分条件、必要条件相关。

练 习 8

1. 请说明 P 是 Q 的什么条件？Q 又是 P 的什么条件？

（1）$P:x$ 是有理数，$Q:x$ 是实数；

（2）$P:x>5, Q:x>3$；

（3）$P:m,n$ 都是奇数，$Q:m+n$ 是偶数；

（4）$P:AB\neq 0, Q:A\neq 0$；

2. 一元二次方程的"判别式等于 0"，是方程"有两个相等实数根"的什么条件？

3. $P:m$ 是 4 的倍数，$Q:n$ 是 6 的倍数。P 是 Q 的什么条件？

4. 检验 $123\times 321=38\,483$ 是否正确。

5. "不都"和"都不"

阿凡提、武大郎、李逵、司马光、猪八戒一行5人,要挑选出3个人参加"好汉杯"体育比赛。于是,他们进行民主协商。

李逵提议司马光、阿凡提两人"都不"参加,理由是他们两个力气小。

可是武大郎认为,他们两个人是智多星,比赛时不一定会输,因此主张他们两个人"不都"参加。

傻乎乎的八戒说,一个说"不都",另一个说"都不",这不是一样的意思吗?

亲爱的读者,你认为呢?

"不都"和"都不"

"不都"和"都不"这两个词,非常容易弄错。实际上,这里已经涉及命题的混合运算了。下面就来研究合取命题(与命题)的否定,以及析取命题(或命题)的否定。

先看合取命题(与命题)的否定。

"30是3的倍数(P),且30是5的倍数(Q)",即"30是3和5的公倍数($P \wedge Q$)"。它是个真命题。

那么"30是3和5的公倍数($P \wedge Q$)"的否定是什么呢?也就是"30不是3和5的公倍数"是什么意思呢?

意思就是"30不是3的倍数,或者不是5的倍数",这是个假命题。

这个没有问题,原命题是真命题,它的否定当然是假命题。问题是,这个思考过程很吃力,稍不留神,就会出错。

"逻辑先生"说,数理逻辑的好处就是给你一个规律(而且这个规律是用公式的形式给出),不管什么具体的内容,都可以避免词语的干扰。这里

就有个公式:
$$\neg(P \wedge Q) = \neg P \vee \neg Q。 \tag{1}$$

公式左边,我们分两步看。先是命题 P、Q 的合取命题(与命题) $P \wedge Q$,然后是它的否定 $\neg(P \wedge Q)$。

公式的右边,也分两步看。第一步,先是命题 P 和 Q 的否定: $\neg P$ 和 $\neg Q$,然后将这两个否定后的命题用析取号连接起来,组成析取命题(或命题): $\neg P \vee \neg Q$。

既然是公式,可不可以证明一下? 可以,用真值表(如表2.5,2.6 所示)。

表 2.5

P	Q	$P \wedge Q$	$\neg(P \wedge Q)$
真	真	真	假
真	假	假	真
假	真	假	真
假	假	假	真

表 2.6

P	Q	$\neg P$	$\neg Q$	$\neg P \vee \neg Q$
真	真	假	假	假
真	假	假	真	真
假	真	真	假	真
假	假	真	真	真

我们发现,这两张表的最后一列: $\neg(P \vee Q)$ 和 $\neg P \vee \neg Q$ 的真假情况完全相同,可见它们是等值的。于是公式(1)得证。

咦! 这也有公式! 是的。你看数理逻辑不但用符号和公式表达规律,而且这个规律还可以证明,让人信服!

前面谈到了"不都"和"都不"这两个词,我们现在结合这两个词来解释这个公式。我们考虑以下两个命题。

P:2 是正数,Q:3 是正数。

用维恩图的方式(如图 2.5 所示)看一下。

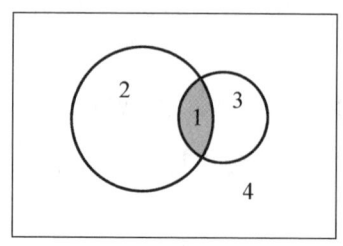

图 2.5

图中左圆代表 P(2 是正数),右圆代表 Q(3 是正数),整个维恩图共分成四块。

第 1 块,$P \wedge Q$,2 和 3 都是正数。

第 2 块,$P \wedge \neg Q$,2 是正数且 3 不是正数。

第 3 块,$\neg P \wedge Q$,2 不是正数且 3 是正数。

第 4 块,$\neg P \wedge \neg Q$,2 和 3 都不是正数。

第 2、3、4 块合起来就是:2 和 3 不都是正数。

对照公式(1):$\neg (P \wedge Q) = \neg P \vee \neg Q$。

公式左边,$P \wedge Q$ 是两圆相交部分(第 1 块),取否定就是挖去这个部分后剩下的部分(第 2、3、4 三块)。因为第 1 块代表"都"是正数,挖去它之后,就代表"不都"是正数。

公式的右边,先是 $\neg P$,它是挖去第 1、2 两块余下的部分(即第 3、4 两块)。同样的,$\neg Q$ 是挖去第 1、3 两块之后的部分(即第 2、4 两块)。然后,求并集,就是第 2、3、4 三块的并集。

可见,公式(1)成立。

还是有点乱,我们理一下。怎么看"都""不都""都不"?

第一,"都"的否定是"不都",不是"都不"!

第二:"不都"包含了"都不"。

回到本文前面的两句话：

"阿凡提和司马光'不都'参加比赛。"

"阿凡提和司马光'都不'参加比赛。"

这两句话意义不同：

后面一句"都不"，就是阿凡提不参加，司马光也不参加比赛。

前面一句"不都"，包括三种情况：

阿凡提不参加，司马光参加；

阿凡提参加，司马光不参加；

阿凡提不参加，司马光也不参加。

弄清楚了吗？

反演律

下面研究析取命题（或命题）的否定。我们直接给出公式：

$$\neg (P \vee Q) = \neg P \wedge \neg Q。 \tag{2}$$

我们可以通过下面的例子来解析该公式。命题 $AB=0$ 可以看成怎样的复合命题？其否定又应是怎样的命题？

设 $P:A=0, Q:B=0$，

$AB=0$ 可看成 $A=0$ 或 $B=0$，即 $P \vee Q$，

其否定是 $\neg P \wedge \neg Q$，即 $A \neq 0$，且 $B \neq 0$。

上面两个公式：

$$\neg (P \wedge Q) = \neg P \vee \neg Q, \tag{1}$$

$$\neg (P \vee Q) = \neg P \wedge \neg Q, \tag{2}$$

它们叫**德·摩根律**，或叫**反演律**。这也是我们所说的"逻辑脑"核心内容之一。

合取（析取）命题的否定，子命题各自否定，然后合取（析取）。改为析取（合取）。给个顺口溜，可能好记些：

你否定,我否定,与、或颠倒颠。

> **小结一下**
>
> 　　否定本身是一种运算。简单命题的否定比较简单,复合命题的否定相当于代数里的混合运算,比较复杂。
>
> 　　反演律有两个公式,这两个公式不难记住。
>
> 　　两个生活中、数学中经常用到的词"不都"和"都不",是很容易弄错的,有了公式,就变得很容易了。

练 习 9

1. 写出下列命题的否定。

(1) 2 是素数,又是偶数;

(2) 123 是 2 的倍数,或是 3 的倍数。

2. 下列命题可以看成怎样的复合命题?其否定应是怎样的命题?

(1) 复数 $A + Bi = 0$;

(2) $|A| = 1$。

第3章

命题篇（下）

1. 有时正确，有时错误

某地七年级有一个统考试题：

"$x^2 \times x^3 = x^6$，这个式子成立吗？"

内定的标准答案是：不成立。理由是，因为指数运算律是"同底相乘，底数不变，指数相加"。大多数同学也回答"不成立"。但有位考生与众不同，答曰：

"当 $x=0$ 及 $x=1$ 时等式成立。"

弄得阅卷老师难以打分。

这个问题是有点怪异！

开句

命题必定有真有假，说它真，就不能说假；说它假，就不能说真。这个题里的式子有点"活里活络"，究竟回答真，还是回答假？如果仔细想想，倒真的难以判断。

应该说，这个题出得不好。因为，"$x^2 \times x^3 = x^6$"这个式子不是命题！所以不能论真假。

这类式子,我们几乎天天看到,怎么说它不是命题呢?

其实,这类式子是**命题函数**。为什么说是函数呢?

你看,当 x 取 1 的时候,此式左端 $=1^2 \times 1^3 = 1^5 = 1$,右端 $1^6 = 1$,等式成立。

但是当 $x=2$ 时,左端 $=2^2 \times 2^3 = 2^5 = 32$,而右端 $=2^6 = 64$,左右不等。

即当 x 取不同的数值时,这个等式真假情况不同。x 取指定的数值,对应了真或假这样的唯一结果,这不是符合函数的定义了吗?自变量是 x,定义域是一切实数,那么值域呢?值域有点怪异,有点违背过去的认知,是 {真,假} 这个集合。

顺便说一句,我们现在学到的函数概念、方程概念,将来都可以大大地推广。现在我们遇到了命题函数,是函数这个概念的扩张。

命题函数又叫**开句**,而过去说到的命题,又叫**闭句**。

其实,我们确实经常遇到开句,只是我们过去没有从这个角度去认识它。譬如,给出一个方程 $x+2=3$,要我们求它的根。实际上,从逻辑角度看,就是要我们求出,这个等式 $x+2=3$,什么时候为真。$x+2=3$ 这个等式,是真的还是假的没有办法回答,实际上它就是一个开句。

我们遇到大量的解方程、解不等式的题目,从逻辑角度讲,就是给出一个开句,要我们找出使这个开句为真的那些未知数的值。

命题和开句既有区别,又有联系。

命题中的大多数结论都可以移植到开句上面来,因此,我们确实常常不分开句还是闭句。了解一下它们的区别,是有必要的,但不必过分纠结。而且这个课题展开谈的话,又比较烦琐,弄不好反而把我们的脑子弄糊涂了,所以这里干脆不予展开了。

量词上场了

开句转化为命题,一般来说有两个办法。

第一个办法就是指定变量的取值,就成了命题。譬如前面说到的"$x^2 \times x^3 = x^6$"是开句,但是 x 取 1,就成了命题,而且是真命题;x 取 2 时也成为命题,不过是假命题。

第二个办法就是限制变量的数量,就是在变量的前面添上一个"量词",譬如添上"每一个"或"有一个",这时候开句也就成了命题。

还是以"$x^2 \times x^3 = x^6$"为例,添上"每一个"之后成为:

对"每一个"x 来说,$x^2 \times x^3 = x^6$。

这是命题,但是是个假命题。添了"有一个"之后成为:

"有一个"x,满足 $x^2 \times x^3 = x^6$。

这也是个命题,而且是真命题。为什么?因为现在只要求"有一个",譬如,$x = 1$ 时此式就成立了。

量词,是一类非常重要的词,值得你充分重视!实际上,中小学数学里常常出现量词,过去就是没有上升到逻辑高度去认识它。20 世纪 90 年代,笔者的团队曾经做过实验,证明了中学生(当时研究的是高三学生)是能够掌握量词知识的。掌握理解了量词,对学习数学非常有益。

2. 每一个

我们在第 2 章里研究了命题的关联。在那一章里，只考虑两个命题用连接词联结起来，组成一个复杂的命题。那么这两个命题本身的结构如何呢？"逻辑先生"告诫大家，本节以及以后几节的内容很重要，对理解数学里的好多问题都有帮助。

命题的结构

以命题"每一个自然数都是正数"为例。

这个命题中，被判断的对象（也可以称为"**个体**"）是自然数，这些对象我们可以仿照代数，用字母 x, y 表示。不过，这些对象通常有两种限制：每一个，有一个（就是上节里提到的量词）。"量词＋对象"组成了被判断部分，例句中"每一个自然数"就是被判断部分。

"**每一个**"和"**有一个**"，这两个词，我们在语文课里学过，日常生活中也用过，在数学里也遇到过，但是都没有引起重视。要知道，这两个词非常非常重要。

有了被判断对象，判断些什么呢？这就是所谓"**谓词**"部分。谓词可以反映某一类对象的性质，也可以反映两类对象间的关系。例句中的"是正数"就是一个谓词。

谓词通常用 P、Q 等字母表示，连同对象 x、y，记作 $P(x)$、$Q(x)$ 等，表示"x 具有性质 P"或"x 具有性质 Q"。譬如，如果 $P(\ )$ 代表是素数，那么 $P(2)$ 表示 2 是素数。

可见，例句里这个命题的结构可作如下分解：

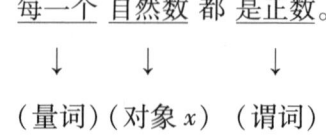

又如,奇函数的定义的内部结构可作如下分解:

$$\underline{每一个} \quad \underline{x \in D}, 都有 \underline{f(-x) = -f(x)}。$$
$$\downarrow \qquad \downarrow \qquad\qquad \downarrow$$
$$（量词）（对象）\qquad（谓词）$$

这里多了一个"$\in D$",什么意思? 其实,我们讨论的对象都有一个范围,这个范围有时是约定俗成的,不必特地交代,有时则需要特地指出。这里就做了特别的交代,说明这个讨论的范围是 D(函数的定义域)。

进一步,我们用一个符号"$\forall$"表示量词"每一个",于是此类命题可以写成类似于

$$\forall x P(x) \qquad x \in D$$

或

$$\forall x \in D \qquad P(x)$$

的形式。这就是一种形式化。

它不但用符号来表示对象、性质、范围,而且把顺序整理清楚了。一般来说,这个顺序是:

量词-对象-谓词(性质或关系)。

形式化后,命题的结构就很清晰了。作为中学生,没有必要过分追求形式化,但是初步了解一下是完全有必要的,我们只要求做到半形式化就可以了。

我们遇到的命题常常是用自然语言表达的。自然语言是极其丰富多彩的,在用词上,可以用这个词,也可以用那个词(譬如"每一个""所有的""任意的""任一个""凡"的意义都一样,现在统一用"$\forall$"表示);在语序上,可以顺说,也可以倒叙。譬如:

"每一个整数都是 28 的约数",

"28 可以被每一个整数整除",

两者是同一个命题(都是假命题)。(半)形式化时,先把语序统一成"量词-对象-谓词",把量词统一成符号,于是成为:

$$\forall x \in \mathbf{Z}(28 \text{ 被 } x \text{ 整除})。$$

这样做的好处是保证了思维有序,特别是在遇到复杂命题的时候,好处特别明显。

上一章讨论命题的连接,在数理逻辑里属于命题演算部分。本章涉及命题结构的研究,在数理逻辑里属于谓词演算部分。

全称命题

在初等数学中有不少定理、定义、公理与"每一个"这样的词有关,如

"所有的内角都是锐角的三角形是锐角三角形。"

"任何一个三角形都可作一个外接圆。"

利用全称量词"$\forall$",并用全称量词来限制对象,就得到**全称命题**,记为

$$\forall x P(x),$$

意为"每一个 x 都有性质 P"。

自然语言中有很多的词的意义和"每一个"相同,有时,我们会遇到:

"一次方程有一个根。"

实际上,它就是:

"每一个一次方程有一个根。"

只是把全称量词"每一个"省略了而已。

从语言上说,全称命题常常用副词"都"和量词呼应,这是全称命题的一个语言特征。

有的书上有下面这样的句子:

"凡对顶角皆相等。"

有点文言文的味道。这个"凡",也是全称量词"每一个"的意思。"皆"即"都"也。

现在你能把下列概念或命题形式化(半形式化)吗?如果是命题,请说出其真假。

(1) 所有有理数都是实数。

(2) 锐角三角形。

(3) 偶函数。

(4) 对于一切实数 x，都有 $|x| = \pm x$ 成立。

下面分别进行讨论。

其中，(1) 设 $P(\ )$ 表示是实数，本题可表示成

$$\forall x P(x), x \in \mathbf{Q}(\mathbf{Q}:\text{有理数集})。$$

或者表示为：

$$\forall x (x \text{ 是实数}) \quad x \text{ 属于有理数集}。$$

这是真命题。

(2) $\forall x (x \text{ 是三角形的内角})(x < 90°)$。这是定义。

(3) $\forall x \in D, (f(-x) = f(x))$。这是定义。

(4) $\forall x \in \mathbf{R}, (|x| = \pm x)$，这是假命题。

全称命题的证明

如果我们想论证一个全称命题 $\forall x P(x)$ 为真，必须证明对一切在讨论范围里的对象 $x, P(x)$ 都成立，绝不能只举一两个例子了事。

因此，证明全称命题"对所有的对象都有性质 P"成立，有一个方法就是完全归纳法。在初中阶段，分类讨论其实就是在用完全归纳法，到高中则会学到数学归纳法。

但并不是说，证明全称命题成立，一定要用完全归纳法。我们说举一、两个例子不行，是指通常情况下不行，但可以任取一个"有代表性"的对象，并证明这个对象有性质 P（通例），这样，全体对象都有性质 P 了。这种方法被称为"**通例法**"。所谓"有代表性的"，就是"任意的"，如果"任一个"对象有性质 P，那么"所有的"对象也就都有性质 P 了。

例如，要证明下面的全称命题：

"所有的三角形的内角和都是180°"

为真。"所有的三角形",太多太多了,譬如有等腰三角形,有直角三角形,有边长分别是4,5,8的三角形……对此我们不可能一一归纳,举一两个具体例子也不行。我们取一个"有代表性"(通例)的三角形,即对一个"任意的"三角形证明它的内角和为180°(事实上,"任意的"三角形也有它的具体特征,譬如我们画了一个边长是3,4,6的三角形,只要在证明时不利用这个三角形的具体特征——边长是3,4,6,就是把它当作"任意的"三角形了)。于是"所有的三角形内角和是180°"也就得证了。

这种做法,几何里是常用的,其实代数里也用。

例如,数列$\frac{1}{2},\frac{2}{3},\frac{3}{4}\cdots$的构成规律是分子依次是1,2,3,4…分母依次是2,3,4,5…求证,这个数列的所有的项绝对值都小于1。

我们不能仅仅对前面几项进行验证:

$$\frac{1}{2}<1,\frac{2}{3}<1,\frac{3}{4}<1。$$

因为仅验证了三项,不能说"所有项"都满足这个性质。为了证明"所有项"的绝对值都小于1,可以"任意"挑一项。现挑第n项(即通项),它是充分具有代表性的。第n项是$a_n=\frac{n}{n+1}$,对此项证明:

$$a_n=\frac{n}{n+1}=\frac{(n+1)-1}{n+1}=1-\frac{1}{n+1}<1。$$

可知$a_n<1$是成立的。于是由"任意"项满足绝对值小于1的性质,可知"所有"项都满足绝对值小于1的性质。

挑出充分具有代表性的"任意"一个对象,然后对这一个对象证明它满足某种性质,于是"所有"的个体都满足这种性质了。用"任意的"代替"所有的",这是用演绎法证明全称命题的思想方法。代数里用到的字母代表数,就是起了用"任意的"代替"所有的"的作用。在这里,我们可以体会出,从语感上说,"任一个"和"每一个",实际上是有差别的。"任一个"本质上还是一个,只是任意一个而已;而"每一个",是指某论域里的所有的个体,往往是很多个,甚至是无穷多个。通例法,就是用"任一个"代替"每一个"。从逻辑上说,"每一个""任一个"是一样的。

全称命题可以看成是合取命题(与命题)的推广。

譬如,我们在一个集合 $D:\{1,2,3\}$ 里面讨论问题,说:1 是正数,2 是正数,3 是正数。用合取(与)运算表示,是

$$(1\text{ 是正数}) \wedge (2\text{ 是正数}) \wedge (3\text{ 是正数})。$$

从另一个角度看,可以写成

$$\forall x \in D, (x\text{ 是正数})。$$

小结一下

命题的结构和顺序大致是:量词-对象-谓词。对量词特别需要加以关注。

全称命题的结构是:$\forall x P(x) \quad x \in D$。其中,$\forall$ 是全称量词,x 是对象,D 是讨论的范围,$P(\ )$ 表示某种性质。

证明全称命题为真的方法,一是完全归纳法,二是通例法。

全称命题可以看成是合取(与)命题的推广。

练 习 10

1. 将下列命题(半)形式化,并说明其真假。

(1) 2π 是函数 $\sin x$ 的周期;

(2) $\sqrt{x+1} > 0$。

2. 把下列命题翻译成自然语言,并说出其真假。

(1) $\forall x(x^2 + 1 = 0)$;

(2) $\forall x(f(-1) = f(1) \to$ 函数 $f(x)$ 是偶函数$), x \in D$。

3. 有一个

八戒到饭店里点了一份"肉丝炒大白菜",老板武大郎把菜端来了,八戒急吼吼地用筷子翻找菜里的肉丝。找了半天只找到一根细细的肉丝。于是八戒找武大郎理论:

"这算是荤的菜肴吗?盘子里只找到一根细细的肉丝,太黑心了吧!"

"那不管,有一点荤的就是荤的菜肴了,"武大郎理直气壮地说,还补充了一句:"从逻辑上说就是这样的。嘻嘻!"

八戒气得鼻子都歪了。他找到司马光,要他帮着"打官司"。司马光听了,摇摇手:"这个官司你打不赢。"

司马光给他解释道:"什么叫素的菜肴?那是每一样原料都是素的,叫素菜。但是,有一样原料是荤的,就叫荤菜肴了。"

八戒用心体会了一下,无话可说了。**"逻辑先生"提示**,把两个词**"每一个""有一个"理解错了**,就会犯错误。这两个词重要不?

特称命题

素菜"变"荤菜的现象也出现在数学里。譬如,什么是锐角三角形?

"每一个"内角都是锐角的三角形是锐角三角形。

那么什么是直角三角形呢?直角三角形不需要"每一个",也不可能让"每一个"内角都是直角,只要"有一个"内角是直角就行了。即

"有一个"内角是直角的三角形是直角三角形。

"有一个"叫存在量词。用存在量词来限制我们讨论的对象的数量,就得到特称命题,或存在命题,**我们使用一个专门的符号 $\exists$**,记为

$$\exists x P(x)。$$

在自然语言中,特称命题常涉及下列词语:"有一个""至少有一个"

"有""存在一个""存在着"等。有同学想不通,"有""有一个""至少有一个",这三个词的意思怎么会是一样的呢?

其实,"有",当然"至少有一个"了。(量词的数量是在正整数范围里讨论的,不准许有半个)。而"有一个",并没有限制究竟是 2 个还是 3 个、4 个……但"至少有一个"! 所以这三个词的差别只是在语气上,而"逻辑先生"是不管语气轻重的。

在初等数学中,有不少命题是特称命题,如:

"有一个内角为钝角的三角形叫作钝角三角形。"

"在复数范围内,一元 n 次方程 $x^n + x^{n-1} + \cdots + x + 1 = 0$ 至少有一个根。"

试试看,把下列命题形式化,并说明其真假吧!

(1) 有些有理数是实数。

$$\exists x(是实数), x \in 有理数。真命题。$$

(2) 方程 $x^2 + 4x - 1 = 0$ 至少有一个负实数根。

$$\exists x, (x^2 + 4x - 1 = 0), x \in \mathbf{R}^-。真命题。$$

通常,全称命题比较容易理解,但是证明特称命题困难就比较多了。

例如,下列命题中的假命题是( )。

(A) 存在这样的 α 和 β 的值,使得 $\cos(\alpha+\beta) = \cos\alpha\cos\beta + \sin\alpha\sin\beta$

(B) 不存在无穷多个 α 和 β 的值,使得 $\cos(\alpha+\beta) = \cos\alpha\cos\beta + \sin\alpha\sin\beta$

(C) 对于任意的 α 和 β,都有 $\cos(\alpha+\beta) = \cos\alpha\cos\beta - \sin\alpha\sin\beta$

(D) 不存在这样的 α 和 β 值,使得 $\cos(\alpha+\beta) \neq \cos\alpha\cos\beta - \sin\alpha\sin\beta$

答案是 D。

此题是根据某一年上海的高考试题改编的。当年,错误率甚高。其中最有迷惑性的是 A 这个选项。

教科书上有三角公式:

$$\cos(\alpha+\beta) = \cos\alpha\cos\beta - \sin\alpha\sin\beta。 \tag{1}$$

这里的 A 选项的右端竟然是个加号,和公式不同,于是有些考生就认为它是错的。殊不知,A 选项的前面有一段文字:"存在这样的 α 和 β 的值,使得……",此话的意思是:并不要求对所有的 α 和 β 的值,使整个式子成立。这还是办得到的。譬如 $\alpha = 0, \beta = 0$ 时,

左端 $= \cos(\alpha + \beta) = \cos(0 + 0) = 1$,

右端 $= \cos\alpha\cos\beta + \sin\alpha\sin\beta$

$= 1 \times 1 + 0 \times 0 = 1$,

等式成立。

怎么搞的?这不是和公式(1)矛盾了吗?

原来,教科书上的"写了减号"的公式(1)是要对所有的 α 和 β 成立的。而此题的"用了加号"的 A 选项里的式子,对所有的 α、β 确实不能都成立,但只要求对某些 α、β 的值成立。

所以,**分清全称命题、特称命题是至关紧要的**。"逻辑先生"说,这也是我们所说的"逻辑脑"的核心内容之一。

特称命题的证明

怎么证明特称命题是真的?最直接的手段,就是把满足性质的那一个对象找出来,这种证明叫**构造性证明**。譬如,想说明

"车厢里有需要照顾的残疾人"

是真的,那就要找到一位残疾人。一旦找到一个(不需要两个或以上),不管他是肢体残疾,还是盲人,就可以认定此命题是真的。

例如,试证:a 和 b 之间存在着实数($a < b$)。

只要令 $k = \dfrac{a+b}{2}$,则

$$k = \frac{a+b}{2} < \frac{b+b}{2} = b,$$

$$k = \frac{a+b}{2} > \frac{a+a}{2} = a,$$

所以，
$$a < k < b。$$

这个证明很容易想通，因为 $k = \dfrac{a+b}{2}$ 实际上就是 a 和 b 的平均数。用找平均数的思路，可以证明 k 和 b 之间还存在着实数，因而可以证明两个实数之间有无穷多个实数。

又如，求证 $y = 2\sin x + 1$ 有界，我们可以把那个界 M 找出来。

证明一个函数 $f(x)$ 有界，就是要找到一个正数 m，使得 $f(x)$ 的值，上不超过 m，下不小于 $-m$，即 $|f(x)| \leq m$。方法为：

∵ $|2\sin x + 1| \leq |2\sin x| + 1 = 2|\sin x| + 1 \leq 2 + 1 = 3$，

3 就是要找的一个界。于是得证。

当然有人可以不找 3，而找 4、5 等数，这也是可以的。总之，只要"存在"一个，特称命题就得证了。

这种构造性的证法很容易理解，看得见，摸得着，很有说服力。但要从所有的对象中找出一个来，有时也不容易。常用的方法除了**放大法**之外，还有一种**假设性构造法**。

假设性构造法的步骤如下：

第一步，假设符合要求的对象存在；

第二步，根据假设进行推理，寻找满足条件的对象；

第三步，假如推理过程可逆，则找到的对象就是我们要构造的对象；假如出现矛盾，那么这样的对象不存在。

譬如，已知在矩形 $AOBC$ 中，$OB = 4$，$OA = 3$。分别以 OB、OA 所在直线为 x 轴和 y 轴，建立如图 3.1 所示的平面直角坐标系。F 是边 BC 上的一个动点（不与 B、C 重合），过点 F 的反比例函数 $y = \dfrac{k}{x}(k > 0)$ 的

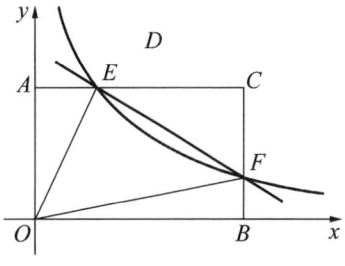

图 3.1

图像与 AC 边交于点 E。是否存在这样的点 F，使得将 $\triangle CEF$ 沿 EF 对折后，点 C 恰巧落在 OB 上？

解：

假设存在这样的点 F，将 $\triangle CEF$ 沿 EF 对折后，点 C 恰好落在 OB 边上的点 M 处。过点 E 作 $EN \perp OB$，垂足为 N，如图 3.2 所示。

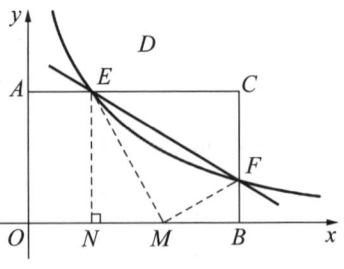

图 3.2

由题意得 $EN = AO = 3$，$EM = EC = 4 - \dfrac{1}{3}k$，

$$MF = CF = 3 - \dfrac{1}{4}k,$$

∵ $\angle EMN + \angle FMB = \angle FMB + \angle MFB = 90°$，

∴ $\angle EMN = \angle MFB$。

又∵ $\angle ENM = \angle MBF = 90°$，

∴ $\triangle ENM \backsim \triangle MBF$，

∴ $\dfrac{EN}{MB} = \dfrac{EM}{MF}$。

∴ $\dfrac{3}{MB} = \dfrac{4 - \dfrac{1}{3}k}{3 - \dfrac{1}{4}k} = \dfrac{4\left(1 - \dfrac{1}{12}k\right)}{3\left(1 - \dfrac{1}{12}k\right)}$，

∴ $MB = \dfrac{9}{4}$。

∵ $MB^2 + BF^2 = MF^2$，

∴ $\left(\dfrac{9}{4}\right)^2 + \left(\dfrac{k}{4}\right)^2 = \left(3 - \dfrac{1}{4}k\right)^2$，

$$k = \dfrac{21}{8}.$$

∴ $BF = \dfrac{k}{4} = \dfrac{21}{32}$。

所以,存在符合条件的点 $F\left(4,\dfrac{21}{32}\right)$。

除了构造性证法外,还有非构造性的证法。

譬如,证明一元二次方程 $x^2+2x-3=0$ 有实数根。
因为
$$\Delta = 4+12=16>0,$$
所以一元二次方程 $x^2+2x-3=0$ 有实数根。但是根是几,并没有说出来,只是说它是存在的。这就是特称命题的非构造性证明。

再如,连续函数 $f(x)$ 满足:$f(0)<0$,$f(1)>0$,那么,在 $(0,1)$ 内必定存在一个实数 k,使 $f(k)=0$。这就是"零值定理"。但是,这个 k 究竟在哪里?不知道。这也是非构造性的证明。

特称命题的非构造性证明,一般要依据**存在定理**。一元二次方程根的判别式,连续函数的零值定理等就是存在定理。

一个历史故事

构造性的证法,很容易理解,看得见,摸得着,很有说服力。非构造性的证法则不那么明显。历史上,常常先证明某种东西存在,然后再想办法把它具体找出来(定性到定量)。要从所有的对象中找出一个来,往往不很容易。

这里我们来看历史上的一个故事。

数学家高斯曾经指出:如果 n 是形如 $2^{2^k}+1$ 的素数,那么可以用尺规作图的方法将一个圆周 n 等分。其中具有 $2^{2^k}+1$ 这样形式的数叫费马数。

显然,当 $k=0$ 时,
$$2^{2^k}+1=3,$$
3 是素数,一个圆周是可以用尺规作图三等分的。

当 $k=1$ 时,

$$2^{2^k}+1=5,$$

5 也是素数,一个圆周是可以用尺规作图 5 等分的。

当 $k=2$ 时,

$$2^{2^k}+1=17,$$

17 也是素数,可以断言,一个圆周是可以用尺规作图 17 等分的,高斯本人也找到了 17 等分的方法。

当 $k=3$ 时,

$$2^{2^k}+1=257,$$

257 也是素数,可以断言,一个圆周是可以用尺规作图 257 等分的,也就是说,用尺规将圆周 257 等分的方法是存在的。但是,尽管方法应该存在,却一直找不到这个方法。到了 1832 年,才有人找到这个方法,这个人是德国的里歇洛,他的方法竟然写了 80 页纸。

当 $k=4$ 时,

$$2^{2^k}+1=65\,537,$$

65 537 也是素数,将圆周用尺规作图 65 537 等分的方法是德国人赫姆斯花了十年工夫研究出来的,手稿可以装满一箱子。

小结一下

用存在量词来限制我们讨论对象的数量,就得到特称命题,记为 $\exists x P(x)$。

在自然语言中,特称命题常涉及下列词语:"有一个""至少有一个""有""存在一个""存在着"。

要注意区别全称命题和特称命题。

证明特称命题为真,有构造性证法和非构造性证法。具体地实施构造性证法,常用放大法、假设性构造法等;非构造性证法则要有存在定理保证。

练习 11

1. 把下列语句形式化：

(1) 有些无理数是负数；

(2) 有些三角形面积等于 1。

2. $P(\ )$ 表示是素数，$E(\ )$ 表示是偶数。把下列式子翻译成自然语言，并判断其真假。

(1) $\exists x P(x)$；

(2) $\exists x((P(x) \wedge E(x)))$。

3. 用构造性方法证明：直线 $y = 2x + 1, 3x - 2y = 6$ 相交。

4. 用非构造性方法证明：方程 $x^2 + 4x - 1 = 0$ 至少有一个负实数根。

4. 抽屉原理

众所周知，我们的生肖共有 12 种：鼠、牛、虎、兔、龙、蛇、马、羊、猴、鸡、狗、猪。

如果现有 13 位同学，每人有一个属相，具体的属相分布可能蛮复杂的，但是不管怎么说，可以断言：至少有两个人属相是相同的。究竟是哪两位？不清楚，这是非构造性的证法。

这个证法的依据是著名的抽屉原理，也被称为鸽巢原理。它是德国数学家狄利克雷首先明确提出的。

抽屉原理

抽屉原理是这样的：如果把 $n+k(k \geqslant 1)$ 个物体放进 n 只抽屉里，则至少有一只抽屉要放进两个或更多个物体。

道理十分简单：假如每个抽屉都只放了 1 个物体，或没有物体，那么放进去的物体总数必定不大于 n，所以这是不可能的。反过来这个原理得证了。

在生肖的故事里，可以认为有 12 个抽屉（12 生肖），把 13 位同学（超过抽屉数）"放"到 12 个抽屉里去，必然至少有一个抽屉里有 2 位或 2 位以上的同学。

如果问，这 13 位同学有没有生日相同的？这就说不准了。抽屉数达到 365(366) 个，13 位同学"放"进去，不能保证有重复的了。

用非构造方法证明存在命题，需要有存在定理保证。在中学数学中，除了上节提到的一元二次方程根的判别式，连续函数的零值定理等存在定理外，还有抽屉原理、平均值原理和零积原理这样的适用性较广的存在原理。这些原理广泛应用于组合数学中，在中学数学竞赛里也是个主角。但是本书的重点不是研究解题技巧,所以对这几个原理,我们只是点到为止。

看一个现实的问题。小数化分数时,有时会出现循环。当然是在分子除以分母,除不尽的时候必定出现循环。为什么?循环节又应该是几位呢?

我们来解释一下,以 $1 \div 7$ 为例。先看直式除法的过程。

```
     0.1 4 2 8 5 7
   ┌─────────────
 7 │ 1.0
     7
     ───
     3 0
     2 8
     ───
       2 0
       1 4
       ───
         6 0
         5 6
         ───
           4 0
           3 5
           ───
             5 0
             4 9
             ───
               1
```

做除法时,无非是周而复始地做三件事情:试商,乘,减。减得的结果若是 0,这说明已经除尽(对本例来说是不可能发生的)。除 0 之外,减得的结果还有几种可能呢?在 1 除以 7 的直式除法中,减得的结果依次为 3,2,6,4,5,1……它们肯定不能超过除数 7,因此只有 1,2,3,4,5,6 这 6 种可能(相当于 6 个抽屉)。而试商是可以无限制地进行下去的。于是,至多到第 7 次试商(相当于 7 个物体),减的结果必定会出现重复。一旦重复,就出现循环了。

这同时也得到了循环节位数的初步结论:分数化小数时,如果结果是循环小数,那么它的循环节位数不超过分母的数值。本例分母是 7,循环节位数是 6。

有些同学好像发现了什么,循环节位数是不是总比分母数值小 1 啊?不是的,这里仅仅说"不超过",并不表示循环节位数总比分母数值小 1。譬如 $1 \div 11$,循环节位数只有 2 位,不是想象中的 10 位。

一副扑克牌(去除大小怪)有四种花色,每种花色各有 13 张牌,现在从中任意抽牌。问:

(1) 最少抽几张牌,才能保证有 2 张牌有相同的花色?

(2) 最少抽几张牌,才能保证有 2 张牌有相同的点数?

(3) 最少抽几张牌,才能保证有 4 张牌是同一种花色的?

解:(1) 4 种花色,抽 5 张牌,至少有 2 张牌有重复的花色。

(2) 13 种点数,抽 14 张牌,至少有 2 张牌有相同的点数。

(3) 如果每次取出 4 张牌时,极端情况是没有重复,每种花色各 1 张,当取出 12 张牌时,极端情况下每种花色各 3 张,所以当抽取第 13 张牌时,无论它是什么花色,都可以至少保证有 4 张牌是同一种花色。

平均值原理和零积原理

一次数学测验的平均成绩是 60 分。你听到这个信息,首先会怎么想?我会想我在平均数的上面还是下面,是及格还是不及格?当然,没有增加其他信息,是得不到你想要的答案的。但是我们可以说:

至少有一个同学的成绩不小于 60 分。为什么?假如人人都小于 60 分,平均分不就低于 60 分了吗?同样的,至少有一个同学的成绩不大于 60 分。

于是我们有以下的**平均值原理**:

如果 n 个实数满足 $a_1 + a_2 + \cdots + a_n = S$,则这些实数中至少有一个不小于 $\dfrac{S}{n}$,且至少有一个不大于 $\dfrac{S}{n}$。

还有一个**零积原理**:

若 n 个实数满足 $a_1 a_2 a_3 \cdots a_n = 0$,则它们之中至少有一个等于 **0**。

我们用分解因式法解一元二次方程,将方程整理为
$$ax^2 + bx + c = 0\,(a \neq 0),$$
先将左边因式分解为

$$a(x-\alpha)(x-\beta)=0。$$

两个因式的积为 0,那么这两个因式中至少有一个等于 0。所以当两个因式分别为 0 时,求出的 x 的值,即方程的解是:

$$x=\alpha \text{ 或 } x=\beta。$$

抽屉原理、平均值原理、零积原理,都有很多变式,在解题中也有很多用处,这里不予讨论了。

小结一下

本节讲的抽屉原理、平均值原理、零积原理,都是非构造法证特称命题的方法。

5. 全称命题和特称命题的否定

前面说到了怎么证明一个全称命题为真,那么怎么证明一个全称命题是假的呢?

素的菜肴是"所有的原料都是素的"(全称命题),那么不是素的菜肴(荤菜),不需要每一种原料都是荤的,只要有一种原料是荤的就可以了。

譬如说,想证明全称命题"旅游车上的所有旅客都是中国人"(全称命题)是假的,不需要每一个旅客都是外国人,只要找出一位旅客是外国人就可以了。

所以要指出一个全称命题为假,只要举出一个反例就可以了。为什么只要举一个反例就可以了? 这涉及全称命题的否定。

反例法

从前文的例子,我们可以体会到,"每一个 x 都有性质 P"的否定是
"有一个 x 不具有性质 P"。

前面说过,全称命题"每一个 x 都有性质 P"可以写成 $\forall x P(x)$。
它的否定可以写成

$$\neg(\forall x P(x))。$$

而"有一个 x 不具有性质 P"可以写成"$\exists x \neg P(x)$",故而得到了一个公式:

$$\neg(\forall x P(x)) = \exists x \neg P(x)。$$

左边的"$\neg(\forall x P(x))$",表示"并非'每一个 x 都有性质 P'";

右边的"$\exists x \neg P(x)$"中的 $\neg P(x)$ 表示"x 没有性质 P",或者"x 不是 P",整个右边就表示"有一个 x 没有性质 P"。

形式化了,一时确实会让人感到有点难,但一旦掌握了,可以让你轻松地理解好多的知识,原先用自然语言非常烦琐的表达,现在通过形式化,一

下子就变得清晰明了了。

我们还是先看个例子。

2 是不是函数 $2\sin x + 1$ 的界？

说它是界，那么要求对"每一个"x 都满足 $|2\sin x + 1| \leq 2$。说它不是界，那么，不需要"每一个"了，只要"有一个"x 不满足这个式子就行了。

如 $x = \dfrac{\pi}{2}$，$|2\sin x + 1| \leq 2$ 便不成立。事实上，此时

$$|2\sin x + 1| = 3 > 2。$$

读者可能好奇，你怎么找到这个反例的？本题可以通过本章第 3 节里介绍过的假设存在法和放大法来寻找。

假定

$$|2\sin x + 1| > 2,$$

$$2\sin x + 1 > 2 \text{ 或 } 2\sin x + 1 < -2,$$

$$\sin x > \dfrac{1}{2} \text{ 或 } \sin x < -\dfrac{3}{2}(\text{这是不可能的}),$$

解得

$$2k\pi + \dfrac{\pi}{6} < x < 2k\pi + \dfrac{5\pi}{6}(k \in \mathbf{Z})。$$

这样一来，我们找到了所有的"反例"。其实，我们并不需要找出全部反例的，只要找到一个就够了。

反例法是一种重要的逻辑方法，其作用不但体现在解题上（譬如解选择题），而且可以纠正一些错误的想法。

例如，有同学以为

"a 的相反数必小于 a"。

事实上，这个命题是假的。这是一个全称命题，为了反驳它，只要找出一个反例。例如 $a = -1$ 的相反数等于 $-a = -(-1) = 1$，反而比 $-1(a)$ 大了。这就足以推翻这个命题了。

这类错误是同学们常犯的，不但初中刚学习代数的时候会发生，而且到学习复数的时候也常常发生。追究一下这类错误的根源，有些同学只看表

面,不看实质。看到 a,就以为是正的,看到 $-a$,又认为是负的。

再如,有人粗心地以为下面这些等式成立。

$$\sin(x+y) = \sin x + \sin y,$$
$$a^2 + b^2 = (a+b)^2,$$
$$\sin^4\alpha + \cos^4\alpha = 1。$$

其实,只要以一些特殊的数值代入,如果能使两边不等,那么这个命题便不成立了。

例如上面的第二式,取 $a=1, b=1$,左 $=2$,右 $=4$,所以原等式不成立。

(但是如果取 $a=0, b=1$,左 $=$ 右 $=1$,两边相等,说明你没有找到反例,既不能推翻结论,也不能证明这个结论是真的。"**逻辑先生**"说:"**找不到**"**和不存在是两码事!** 很值得警惕。)

有些同学有一种"善意推论"的错误倾向,把所有的事情都看成和谐的、美好的。上面几个式子,服从分配律,多好啊!殊不知,数学里有些公式定律是不能自然推广的。

譬如,平行线截得比例线段定理的逆命题是否为真?为什么?

有些同学想当然地以为平行线截得比例线段定理的逆命题是真的,其实不然。

只要举一反例即可(如图 3.3 所示)。图中 AC、EF、BD 截 AB、CD 成 $AE=EB=2$,$CF=FD=4$,显然 AC、EF、BD 互不平行。所以截两直线成比例线段的诸直线未必平行。

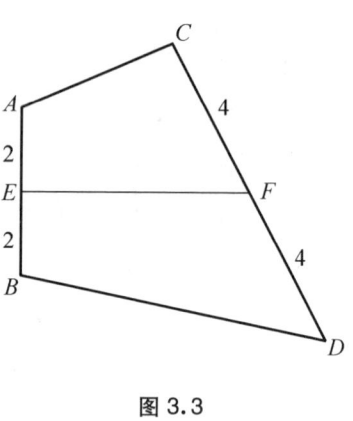

图 3.3

前面说过,全称命题可以看作是合取命题(与命题)的推广。在讨论合取命题的时候,我们分析过"不都"和"都不"两个词的区别。对全称命题作否定时,有些词语(主要还是"不都"与"都不"两词)也常常容易混淆。

"都"字是合取命题(与命题)的语言特征,也是全称命题的语言特征,如

$$"所有的 x,都有性质 P"(\forall xP(x))$$

其否定"$\neg(\forall xP(x))$"可以说成:

$$"对 x 来说,'不都'有性质 P"。$$

特称命题的否定

说"旅游车上有外国人"(规范写法:"至少有一个旅客是外国人")不真,就是它的否定是真的。它的否定又是什么呢? 它的否定是"所有的旅客都不是外国人(当然就是中国人)"。

这些话绕来绕去,听起来很费劲。我们也来形式化一下。

特称命题"有的 x 有性质 P"($\exists xP(x)$)的否定是"所有的 x,都没有性质 P"($\forall x\neg P(x)$)。即

$$\neg(\exists xP(x)) = \forall x\neg P(x)。$$

左边,括号里的特称命题,前面加了否定号,就表示

$$并非"有的 x 有性质 P",$$

右边的"$\neg P(x)$",表示"没有性质 P",前面添了"$\forall x$",就是"每一个 x",合起来成为"所有的 x,都没有性质 P"。

整个公式的意思是,

$$并非"有的 x 有性质 P"就是"所有的 x,都没有性质 P"。$$

思考一下,作出命题"方程 $x^2+1=0$ 至少有一个实根"的否定。

先将原句形式化:

$$\exists 实数 x,满足 x^2+1=0。$$

所以它的否定是

$$\neg"\exists 实数 x,满足 x^2+1=0" = \forall 实数 x,都不满足 x^2+1=0。$$

就是方程 $x^2+1=0$ 没有实根。

回头再来分析一下词语特征。特称命题 $\exists xP(x)$ 的否定也可以有几种

不同的说法：

没有 x 有性质 P：$\neg(\exists xP(x))$；

所有 x 都没有性质 P：$\forall x\neg P(x)$。

特别要引起重视的是，"都不"和"都没有"是特称命题的否定的语言**特征**。

全称命题与特称命题的否定公式如下：

$$\neg(\forall xP(x)) = \exists x\neg P(x),$$
$$\neg(\exists xP(x)) = \forall x\neg P(x)。$$

可以这样记忆：**否定号越过量词（进入谓词部分）时，量词要改号（$\forall$ 改为 $\exists$，$\exists$ 改为 $\forall$）**。再简单记个口诀：**否定右进，量词改号**。"逻辑先生"说，**这也是我们所说的"逻辑脑"的核心内容之一**。

有了这个公式，你就更能够体会形式化的好处了。高中立体几何里，异面直线的概念很多同学弄不清，因为其定义是用否定形式表述的，很拗口，常常让人绞尽脑汁不解其意。

异面直线的定义是这样的：不在同一平面内的两条直线，叫异面直线。

有同学把它理解为"在两个不同平面内的直线"，这是不正确的。譬如，教室前面墙上有一条水平线（譬如是前墙和天花板的交线）。教室背面墙上也有一条水平线（譬如是后墙和天花板的交线）。这两条直线在两个不同平面（教室的前墙和后墙）内，它们是不是异面直线呢？不是，因为可以经过这两条水平线作一个平面，就是天花板。你看，它们虽然不在题目里说的两个平面（前墙和后墙）内，但不排斥可以同在另一个平面（天花板）内的可能性啊！

有了公式就不一样了。先想一想什么是两直线 l、m 在同一平面内？

就是有个平面 α，l、m 都在这个平面上。

即

$$\exists \alpha(l \in \alpha \wedge m \in \alpha)。$$

接下去，将它否定（就是异面直线了），即

$$\neg \exists \alpha (l \in \alpha \wedge m \in \alpha)。$$

根据上面的公式,否定右进,量词改号,于是有

$$\forall \alpha \neg (l \in \alpha \wedge m \in \alpha)。$$

还没有完,后面是合取的否定。根据前面讲的公式(反演律:你否定,我否定,与、或颠倒颠),可得

$$\forall \alpha (l 不 \in \alpha \vee m 不 \in \alpha),$$

翻译一下,这个意思就是:

对于所有的平面来说,或者 l 不在这个平面上,或者 m 不在这个平面上。这才是正确理解异面直线的定义了。

平面几何里的三点共线、四点共圆,也是很难想通的。

A、B、C 三点不共线是什么意思?

就是不存在一条直线,使得 A、B、C 都在这条直线上。我们做形式化的讨论:

$$\neg \exists 直线 l, (A 在 l 上, 且 B 在 l 上, 且 C 在 l 上)。$$

根据公式(否定右进,量词改号),得

$$\forall 直线 l, \neg (A 在 l 上, 且 B 在 l 上, 且 C 在 l 上),$$

由反演律(你否定,我否定,与、或颠倒颠),得

$$\forall 直线 l, \neg (A 在 l 上), 或 \neg (B 在 l 上), 或 \neg (C 在 l 上),$$

即

$$\forall 直线 l, A 不在 l 上, 或 B 不在 l 上, 或 C 不在 l 上。$$

意思清楚了吗? 任一条直线,如果 A、B 在这条直线上,那么 C 肯定不在这条直线上了;或者 A、C 在这条直线上,那么 B 肯定不在这条直线上了……

> **小结一下**
>
> 本节讲了全称命题和特称命题的否定,有两个公式:
>
> $\neg(\forall x P(x)) = \exists x \neg P(x)$,
>
> $\neg(\exists x P(x)) = \forall x \neg P(x)$。
>
> 可用"否定号越过量词(进入谓词部分),则量词要变号",或者再简单些记个口诀:"否定右进,量词改号",来帮助记忆。
>
> 证明全称命题为假,只要找出一个反例即可。
>
> 有些否定语句形式出现的"异面直线""三点共线""四点共圆"等涉及特称命题的否定。

练习 12

1. 试把下列命题形式化,并说出它的否定:

(1) 所有有理数都是实数;

(2) 没有有理数是实数;

(3) 某些有理数是实数;

(4) 有些有理数不是实数。

2. 解释"四点共圆"。

6. 至少，至多

在数学中，除了"所有的"和"有一个"这两个表示数量的词之外，还常需要其他的词，如：

等腰三角形至少有两条边相等；

不重合的两条直线至多有一个公共点；

在实数范围内，实系数一元 n 次方程至多有 n 个实根。

这些命题分别称为至少命题和至多命题。其中用到的"至少有 n 个""至多有 n 个"等词，分别叫**至少量词**和**至多量词**。显然，特称命题（至少有一个）是至少命题的特例。

还有一种**恰有量词**："恰有 n 个"，即"至少 n 个"且"至多 n 个"。它的特例是存在唯一量词，即"至少 1 个"且"至多 1 个"。相关的命题叫**存在唯一命题**（简称**唯一性命题**）。

至少至多量词也有符号，考虑到本书是科普读物，我们这里就不引进了，只介绍存在唯一的记号：∃。

唯一命题

怎么理解命题"过两条直线，至多只能作一个平面"的意义？

至多只能作一个平面，意味着可能作一个平面，也可能作 0 个平面。

设两条直线为 l、m，l 是教室前面墙上的一条水平直线（譬如前墙和天花板的交线，或是和地面的交线，也可以是在中间位置的水平线……），m 是教室后面墙上的一条水平直线（譬如后墙和天花板的交线，或是和地面的交线，也可以是在中间位置的水平线……）。这种情况下，过 l、m 可以作一个平面。

如果 l 是教室前面墙上的一条水平直线，m 是教室后面墙上的一条铅垂线,这种情况下,过 l、m 就不可能作一个平面。这时候,l、m 称为异面直线。

两者综合起来,过两条直线 l,m,至多只能作一个平面。

怎么证明至多命题或至少命题是真的?又怎么证明它是假的?因为遇到的比较少,我们不专门讨论。下面对唯一命题做点说明。

欲证明一个唯一性命题,应证两方面。

首先证明存在性:$\exists x P(x)$;

其次证明唯一性:至多有一个个体有性质 P,这时候往往用反证法,即"假定有两个,然后证明这两个是相同的"。

譬如,试证:过直线外一点可作一条而且只能作一条垂线。

证明:首先证明存在性,把这条垂线 PO 作出来(垂足为 O),就说明存在(略)。

其次证明唯一性。如图 3.4 所示,若过点 P 可以作两条垂线 PO 及 PO',则 $\triangle POO'$ 中,$\angle PO'O = 90°$,$\angle POO' = 90°$,于是 $\triangle POO'$ 的内角和大于 $180°$,这是不可能的。

所以过 P 只能作一条垂线。

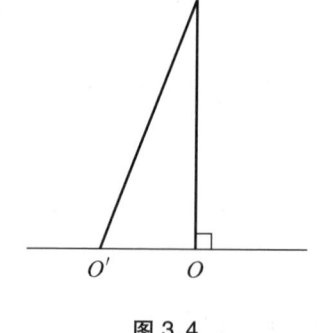

图 3.4

至多至少的否定

下面讨论一下至多命题和至少命题的否定。

至少命题"至少有 n 个 x 有性质 P"的否定,是"至多有 $n-1$ 个 x 满足 P"。

对此,我们可以设想讨论范围有 10 个个体。"至少 2 个对象有性质 P"就是恰有 2 个,或恰有 3 个,或恰有 4 个,……,或恰有 10 个有性质 P。这句话的反面就是

恰有 1 个有性质 P,或没有对象有性质 P,

即
$$\text{"至多有 1 个对象有性质 } P\text{"}。$$

同样地,
$$\text{"至多有 3 个对象有性质 } P\text{"},$$
(就是恰有 3 个, 2 个, 1 个或 0 个)的反面,就是恰有 4 个, 5 个, 6 个……10 个对象有性质 P,即
$$\text{"至少有 4 个对象有性质 } P\text{"}。$$

"至少有 n 个"和"至多有 $n-1$ 个"互为**余量词**。利用余量词可以作出至少命题和至多命题的否定。

至少 3 个的余量词是至多 2 个。

至多 5 个的余量词是至少 6 个。

至少至多命题的否定,只要把量词改为它的余量词,谓词不变,即有公式
$$\neg(\text{至少有 } n \text{ 个 } x, P(x)) = \text{至多有 } n-1 \text{ 个 } x, P(x)。$$

"逻辑先生"认为,需要注意的是,在研究全称量词、特称量词的否定时,我们都将谓词 $P(x)$ 改为 $\neg P(x)$,同时将全称改为特称、特称改为全称。但是这里不改谓词。

我们知道,特称命题是至少命题的特例,特称命题的否定要改谓词,但至少命题的否定不改谓词,这不是出现矛盾了吗?其实,不改变谓词的做法也可以适用于特称命题。因为"至少有一个"的余量词是"至多 0 个",也就是"没有""不存在",所以特称命题的否定
$$\neg(\exists x P(x)) \text{ 就是 "至少有一个 } x \text{ 有性质 } P\text{" 的否定,}$$
也就是
$$\text{"至多只有 0 个 } x \text{ 有性质 } P\text{"},$$
即
$$\text{"没有 } x \text{ 有性质 } P\text{"}。$$

改谓词的质,就是

即
"所有的 x 都没有性质 P",

$$\forall x \neg P(x)。$$

有了公式,作出至少、至多命题的否定就比较省力了。

小结一下

本节讲了至多、至少量词,与此相应的命题叫至多命题、至少命题。

恰有(n 个)量词是至多(n 个),且至少(n 个)。存在唯一命题是恰有命题的特例,即恰有一个。

至多(至少)命题的否定,可运用余量词,不必改谓词。

练 习 13

1. 怎么理解命题"过 3 个点,至多只能作 1 个圆"的意义?

7. 多元命题

前面我们研究的命题结构还是比较简单的,只是对一类对象作判断,可以称为**一元命题**。下面我们要研究**多元命题**,即对两类对象,甚至三类、四类对象作判断。先看一个多元命题的例子:

"对于任一实数,总存在数轴上的一个点与之对应。"

在这个命题中,我们研究了两种对象(实数、点)。在"实数"和"点"之前又分别冠以量词("实数"之前用了全称量词,"点"之前用了存在量词),它们满足"对应关系"。"对应"是谓词。在数理逻辑里,这种谓词叫多元(这里是二元)谓词,常记作 $P(\underline{\quad},\underline{\quad})$。这样的命题叫多元命题。

一元命题是研究某一类对象的性质,所以又叫**性质命题**;多元命题则是研究若干类对象之间的关系,所以又叫**关系命题**。

"**逻辑先生**"提醒读者,从逻辑角度说,多元命题的难度又上了一个台阶,但是只要用心,肯定能够学会。

多元命题的形式化

上例中,如果用 x 表示"实数",y 表示"点",$P(x,y)$ 表示"x 与 y 满足对应关系",那么,上面的命题可表示为:

$$\forall x \exists y P(x,y) \qquad x \in \mathbf{R}, y \text{ 是数轴上的点}。$$

又如,命题"对于任意一个数,都有另一个数大于它",我们可以将它表示为:

$$\forall x \exists y (y > x)。$$

满足这个式子的数集是没有上界的。如正数集,$\{x > 3\}$ 等。你说一个数 4,我可以找到数 5,比你大;你说 100,我找到 101,比你大……

不少数学概念都可以用二元命题表达出来。譬如,"二次函数 $f(x)$ 有最大值"就是

$$\exists x_0 \forall x(f(x) \leqslant f(x_0))。 \quad x \in \mathbf{D}(定义域)$$

意思是,存在一个自变量的值 x_0,对所有的自变量 x 的值(包括 x_0),使得对应的函数值 $f(x)$ 都小于等于 x_0 对应的函数值 $f(x_0)$,可见 $f(x_0)$ 是最大的。

再如,"函数 $f(x)$ 是周期函数"就是"存在一个非零常数 T,使对任意的 $x \in \mathbf{D}$,都有 $f(x+T) = f(x)$",它可表示为:

$$\exists T \quad \forall x \quad f(x+T) = f(x) \quad 其中 T \neq 0, x \in \mathbf{D}(定义域)$$

意思就是,存在一个非零的常数 T,譬如是 3,对定义域中的任一个数 x,它的函数值 $f(x)$,和 $x+3, x+6\cdots$ 的函数值 $f(x+3), f(x+6)\cdots$ 都相等。这个函数就是周期函数,3 是它的一个周期。

试着将下列命题形式化,并说说该命题的意思吧!

(1) 对于一切实数 x, y,都有 $x+y = y+x$;

(2) 有一个 x,使 $xy = y$ 对一切 y 都成立。

解:(1) $\forall x \forall y(x+y = y+x)$。该命题的意思是,实数满足加法交换律。

(2) $\exists x \forall y(xy = y)$。该命题的意思是,存在这样的 x,使 x 乘任何实数(y)都等于该实数(y)本身。这个 x 就是 1。

再将下列形式语言"翻译"成自然语言,并说出其真假。

(1) $\forall x \exists y(x+y = 0)$;

(2) $\exists x \forall y(x+y = 0)$。

解:(1) 对于任意的 x,都存在一个 y,使两者的和等于 0。这个 y,实际上是 x 的相反数。此命题为真。

(2) 存在一个 x,不管对怎样的 y,两者的和都等于 0。这样的 x 是不存在的,所以本命题为假。

"否定"又来了

我们来研究多元命题的否定。又要讨论否定了,大家一定有点心里发毛。是的,否定比较难,但是在数学里又经常出现,不得不研究它。好在多元命题的否定有公式和口诀帮助我们。

一元命题求其否定时有公式:

$$\neg(\forall x P(x)) = \exists x \neg P(x),$$
$$\neg(\exists x P(x)) = \forall x \neg P(x)。$$

否定号越过量词(进入谓词部分)时,**量词要改号**($\forall$ 改为 $\exists$,$\exists$ 改为 $\forall$),或者简记为"**否定右进,量词改号**。"这个方法也适用于二元命题,甚至更多元的命题。

例如,求 $\neg(\forall x \forall y P(x,y))$ 时,让否定号越过两个量词,有公式:

$$\neg(\forall x \forall y P(x,y)) = \exists x \exists y \neg P(x,y)。$$

同样地有

$$\neg(\forall x \exists y P(x,y)) = \exists x \forall y \neg P(x,y),$$
$$\neg(\exists x \forall y P(x,y)) = \forall x \exists y \neg P(x,y),$$
$$\neg(\exists x \exists y P(x,y)) = \forall x \forall y \neg P(x,y)。$$

作出命题 $\forall x \exists y(x+y=0)$ 的否定,并说说它的意思。

解:$\neg \forall x \exists y(x+y=0) = \exists x \forall y(x+y\neq 0)$。

原命题的意思是,对每一个 x,有一个数 y,使得两者之和等于 0。其实这个 y 就是 x 的相反数。它是真命题。

它的否定的意思是,存在一个数 x,对于任意的数 y,两者的和都不等于 0。这样的 x 是不存在的。所以这是个假命题。

很多概念,我们常常要研究它的反面。譬如,我们学了周期函数,当然想了解非周期函数是怎么样的。

众所周知,周期函数的定义是:存在一个常数 $T\neq 0$,对任意 $x \in D$,都有 $f(x+T)=f(x)$ 成立,则 $f(x)$ 是周期函数,且 T 是一个周期,即

$$\exists T \forall x(f(x+T) = f(x)) \quad T \neq 0,$$

非周期函数是它的否定,即

$$\neg(\exists T \forall x(f(x+T) = f(x))) = \forall T \exists x_0 f(x_0+T) \neq f(x_0) \quad T \neq 0。$$

意即:对任意的 $T \neq 0$,总存在某个 x_0,使函数 $f(x)$ 在 x_0+T 和 x_0 处的函数值不相等。注意:并不要求对所有的 x,只要求某一个 x_0 满足即可。

譬如,函数 $y=2x$,我们找不到一个非零常数 T,使得 $2\times(x+T)=2\times x$。譬如,T 是 50,找数 1 试试,看看它对应的函数值和 1+50 对应的函数值是否相等。

显然 $2\times(1+50) \neq 2\times 1$。

一个例子够了,这已经说明 50 不是 $y=2x$ 的周期了。

非但 50 不行,别的数值,譬如 51 也不行,52 也不行……这样的 T 是不存在的。这说明函数 $y=2x$ 不是周期函数。

小结一下

本节讲了多元命题的意义。一元命题又叫性质命题,而多元命题又叫关系命题。

一元命题否定的公式(口诀)也适用于多元命题。

练 习 14

1. 将下列命题形式化,并说说它的意思:

(1) 对于任意的 x, y,都存在 z,满足 $x - y = z$;

(2) 有一个 x,使得对一切 y,都有 $yx = 1$。

2. 将下列形式语言翻译成自然语言,并说出其真假:

(1) $\exists x \forall y(y = x^2)$;

(2) $\forall x \forall y \exists! z(x + y = z)$。

3. 作出下列命题的否定,并说说它的意思:

(1) $\exists x \forall y (y < x^2)$;

(2) $\forall x \forall y \exists z (x+y=z)$。

4. 函数有最大值的概念是:$\exists x_0 \forall x (f(x) \leqslant f(x_0))$,这个 $f(x_0)$ 就是该函数的最大值。那么函数没有最大值是什么意思呢?

8. 一致型命题

张三、李四、王二麻子三个好朋友聚餐。菜很多,有红烧狮子头(简称红)、白斩鸡(简称白)、黄瓜炒肉丝(简称黄)、青椒大葱(简称青),大家边吃边议论。

"有一个菜肴我们人人都喜欢。"张三归纳出一句话。

"对,张三说得一点没错,我们人人都喜欢一个菜。"李四附和说。

过了一阵子,王二麻子恍然大悟似的说:"你们两人说的不是一回事啊!"

于是,大家陷入了沉思。

量词交换性质

在上一节里,我们学习了多元命题。有同学会问,所涉及的 $\forall x \forall y$、$\exists x \forall y$ 等内容可不可以交换次序啊?

回答是:有的可以,交换之后意义不变;有的不可以,交换之后意义变了,命题的真假也变了。

如果不考虑个体词和谓词的各种变化,只考虑量词的搭配,那么二元命题共有四种:

$$\forall x \forall y P(x,y), \tag{1}$$

$$\exists x \exists y P(x,y), \tag{2}$$

$$\exists x \forall y P(x,y), \tag{3}$$

$$\forall x \exists y P(x,y)。 \tag{4}$$

如果考虑个体词 x、y 的次序,则还有四种:

$$\forall y \forall x P(x,y), \tag{5}$$

$$\exists y \exists x P(x,y), \tag{6}$$

$$\forall y \exists x P(x,y), \qquad (7)$$

$$\exists y \forall x P(x,y)。 \qquad (8)$$

二元命题(1)中量词(连同个体词)可以交换,即(1)与(5)相等:

$$\forall x \forall y P(x,y) = \forall y \forall x P(x,y)。$$

同样的,二元命题(2)和(6)中的量词也可以交换,即

$$\exists x \exists y P(x,y) = \exists y \exists x P(x,y)。$$

"逻辑先生"指出,二元命题(3)(4)(7)(8),全称符号和存在符号混用的命题不能随便交换次序。

一致型命题和随变型命题

刚才说了,全称符号和存在符号不能随便交换。本节开头的故事,其实就涉及这个问题。

我们仔细想想,可以发现这两种说法的确不是一回事。张三的意思是:

所有人都喜欢其中的同一个菜肴。

就是有共同的一个菜肴,大家都喜欢。譬如,

张三喜欢吃红,

李四喜欢吃红、白,

王二麻子喜欢吃红、黄、青。

其中红烧狮子头是人人都喜欢的。

而李四的意思是:

人人都喜欢其中的一个菜,但各人喜欢的菜可以是不一样的。

譬如,张三喜欢红,

李四喜欢白,

王二麻子喜欢青。

你看,每个人都有自己喜欢的菜,但是没有一个公认的菜大家都喜欢。

所以,他们两个人说的不是一回事!差别在于:前者有一个共同的菜是

为大家所"一致"喜欢的;而后者虽然人人都喜欢一个菜,但各有所爱,是"随人而变"的。我们把前者叫作"**一致型命题**",其逻辑结构是

$$\exists 菜肴 \forall 人,$$

后者叫作"**随变型命题**",其逻辑结构是:

$$\forall 人 \exists 菜肴。$$

这两种命题的特点如下。

(1) 这两种命题都涉及两类对象,如上例中涉及了顾客和菜肴两类对象。实际上,这两种命题可以看作是二元命题。

(2) 从数量角度看,这两类对象是不同的,菜肴是"有一个",顾客是"人人",也就是"每一个"。

(3) 对于这两种命题来说,顺序很重要。当然,这里指的是逻辑上的顺序,前者是"有一种菜肴"在前,"每一个顾客"在后;后者是"每一个顾客"在前,"有一种菜肴"在后。顺序不同意思就不一样。

譬如,(1) 有一个数集,存在一个数 x,比这个数集中的所有数 y 都大。

(2) 对于数集中的每一个数 y,总有一个数 x 比 y 大。

这两个数集分别是怎样的数集?举例说明。

(1) 譬如,这个数集是由全体负数组成。那么,存在一个数 0(也可以是 1,4,9 等),比所有的负数都要大。这是个有上界的数集。这个命题可以形式化为:$\exists x \forall y(x>y)$。

(2) 譬如,这个数集是由全体正数组成。那么,对于这个数集中的任意一个数 y,总存在另一个数 x 比它大。你说 3,我找个 4 比你大;你说 19,我找个 20 比你大。这是个没有上界的数集。这个命题可以形式化为 $\forall y \exists x(x>y)$。

数学里有很多概念涉及一致型命题,上节里提到的周期函数和函数最大值,都是这样的,但也有涉及随变型命题的。

接下来,我们分析一下函数有界和无界的意义。

所谓函数有界,是指该函数的值,上方总不超过某个正数 m,下方不会小于 $-m$。从图形角度说,是函数的曲线被"拦在"直线 $y=m$ 和 $y=-m$ 之间。即

$$\exists m \forall x(|f(x)| \leq m)。$$

所谓函数无界,应该是对函数有界的否定。直观上说,是找不到这样的一个正数 m,能"拦住"函数曲线。即

$$\neg(\exists m \forall x(|f(x)| \leq m)) = \forall m \exists x_0(|f(x_0)| > m)。$$

对任意一个正数 m,总有一个 x_0,它对应的函数值 $f(x_0)$ 的绝对值,比 m 大。譬如,$y=x^3$,是个无界函数。对于任何一个 m(如 $m=1$),尽管有的函数值满足 $|f(x)| \leq 1$,如 $x=0.2$,$x=0.3$,但有 $x=2$,它的函数值等于 8,大于 1,故比 m 大。

"一致型命题",是笔者受到微积分里的一致连续、一致收敛的启发,在 20 世纪 90 年代提出来的。把"一致型命题"和"随变型命题"区别开来,在数学上有很重要的意义。

我们知道,一致型命题和随变性命题在逻辑结构上的区别就在于量词交换。可见在这种情况下,量词是不能交换的。那么,一致型命题和随变型命题之间有什么关系呢?

从 $\exists x \forall y P(x,y)$ 可以推得 $\forall y \exists x P(x,y)$。也就是说,如果一致型命题成立,可以推得随变型命题,当然这两个命题的组成要素应该是相同的。

如本节开头的故事,如果张三的话是真的,即"有一个菜肴我们人人都喜欢",那么当然李四说的"我们人人都喜欢一个菜"是成立的。

一致型命题和随变型命题,一致型命题更值得重视。**"逻辑先生"告诉大家:一致型命题是数学里的瑰宝**。很多概念涉及一致型命题,懂得了一致型命题的有关知识,你一定会对这些概念理解得更深刻;很多数学题和一致型命题有关,利用一型性命题的知识可以帮助我们解题(可参见下一篇)。

> **小结一下**
>
> 　　二元命题中,有的量词可以交换,其性质不变,有的则不能随便交换。
>
> 　　一致型命题是个重要概念。

练 习 15

1. 将下列命题形式化,它是不是一致型命题? 并判断其真假。

（1） 有一个数,使得任意实数与它的和都等于 0;

（2） 对于任意的数,都有一个数,使它们之和等于 0。

2. 将下列命题翻译成自然语言,它是不是一致型命题? 并判断其真假。

$$\exists \text{整数} \, x \, \forall \text{整数} \, y (x \text{ 是 } y \text{ 的约数})。$$

3. 分析一下三角形的外接圆的意义。

第4章

推理论证篇

1. 真假和对错

孔子见到两个小孩在争辩,争得面红耳赤,互不相让。孔子一问,原来是在争论早上的太阳和中午的太阳,哪个离我们近。他们争论不下,请教孔子,孔子不擅长自然科学,所以也回答不上来。这在现在看来是十分幼稚的问题,竟然难倒了大思想家,真有点不可思议。他们争论的要点是这样的:

一个小孩儿说:"太阳刚出时像车的车盖一样大,到了中午时就如同盘子一般小了,这不是远小近大的道理吗?"

另一个小孩儿说:"太阳刚出来时凉爽,到了正午的时候热得如同把手伸进热水中,这不是近的就感觉热,而远就觉得凉的道理吗?"

我们分析一下他们的推理过程。

第一个小孩的推理过程是这样的:看到东西大,就离我们近;早上看到的太阳大,所以,早上太阳离我们近。

第二个小孩的推理是这样的:我们感到某个热源比较热,那么这个热源就离我们近;中午太阳比较热,所以中午太阳离我们近。

听来都有道理,但结论却正好相反。哪个对?哪个错?

原来这里面涉及两种性质不同的概念：真假和对错。真假和对错？有同学说，这不是一回事吗？其实不然。

我们会同意下面的说法："人总要死的"这句话是对的；"老鼠能跳上天"这句话是错的。

其实，对命题而言，最好不要说成"对"或"错"，应该说成"真"和"假"。如果一个命题与客观事实（严格说是在某种观点下）相符合，就认为它是真的，否则就是假的。例如，命题"三角形的内角和等于180度"是真命题；命题"方程$x^2+5x-6=0$没有实数根"是假命题。

命题的真假是各门科学自己的事情，逻辑学是管不着的。譬如，在欧氏几何里"三角形内角和等于180度"是真命题，但在非欧几何里这却是假命题了。

那么，对错又是怎么回事呢？

在逻辑学里有一些规则（叫作推理规则），根据这些规则，可以从一个命题得到另一个命题，这叫推理。如果不根据推理规则，即使得到了真命题，也叫无效推理。在有的逻辑著作里，如果推理是有效的，叫"对"；如果推理是无效的，叫"错"。如今多数逻辑书籍中都不提或少提"对错"两字了。本文为了与"真假"作强烈的对照，仍然用"对错"两字。

"逻辑先生"提醒读者，"对错"与"真假"是两码事。

真假是指一个命题是否符合客观事实，对错（有效无效）则是指得到某个命题的时候是否符合推理规则。

上文的两个小儿的推理过程都是有效的（对），但由于大前提不同（两个不同学派：第一个小儿是"大就近"学派，第二个小儿是"热就近"学派），得到了不同的结论，也就是得到在各自学派下的"真理"。

譬如，欧氏几何认为，"过直线外一点可以作也只能作一条直线与之平行"（平行公理）。从包含这条公理在内的五条公理出发，经过有效的推理，没有互相矛盾，没有出现瑕疵或漏洞，之后得到的一系列的结论，在欧氏几何看来都是真的，如"三角形内角和等于180度"。

但是，罗巴切夫斯基认为，"过直线外一点，至少可以作两条直线与之平行"。经过有效的推理,同样没有互相矛盾,也没有出现瑕疵或漏洞,进而得到了另外一套结论,如"三角形内角和小于180度",这在罗氏几何看来是真的。

黎曼认为,"过直线外一点,不能作出一条平行于此直线的直线"。经过有效的推理,也没有互相矛盾,没有瑕疵或漏洞,又得到一套结论,如"三角形内角和大于180度",这在黎曼几何看来是真的。

究竟过直线外一点可以作几条直线和这条直线平行?三角形内角和究竟等于180度,还是小于(大于)180度?这是各学科或各学科分支(欧氏几何、罗氏几何、黎曼几何)的事,逻辑学不过问。

真假和对错是两码事!真假是各个学科的事,逻辑主要管推理。"**逻辑先生**"说,这是我们所说的"**逻辑脑**"的核心内容之一。

当然,我们平时讲话可以随便点,说"这道题做错了",没有问题。但心中必须弄清楚,究竟是推理错了,还是推理没问题,结论是假的。

有些同学常常被批评说,"你这是逻辑错误。"其实,有时未必真的是逻辑错误。把事实错误(真假)还是逻辑错误(对错)区分清楚,是十分必要的。

所谓逻辑错误,通常可以有两种理解。狭义的理解,因为逻辑学的根本问题是推理,所以逻辑错误就是推理错误,即"无效推理"(错)。广义的理解,是指有关概念、命题等方面不符合逻辑学的规则,如循环定义、划分不当、混淆充分条件与必要条件等。

把前提的真假,与推理的有效性配合起来,会发生以下4种情况:

(1) 前提真,推理有效,则结论必真。

(2) 前提真,推理无效,则结论未必真。

(3) 前提假,推理有效,则结论未必真。

(4) 前提假,推理无效,则结论未必真。

尽管逻辑学本身只保证推理的有效,但是我们希望得到真命题,得到真理,所以我们最有兴趣的是第(1)种情况。

下面我们看一些数学中的推理的例子。

例1 ∵ 凡对顶角都相等，

∠1、∠2 是对顶角，

∴ ∠1 = ∠2。

例2 ∵ 所有能被 4 整除的数都能被 2 整除，

16 能被 2 整除，

∴ 16 能被 4 整除

例3 ∵ 一个数总比它的相反数大，

∴ -5 比它的相反数 -(-5) 大。

很明显，例1属于第(1)种情形。例2则不然，前提和结论中的三个命题全是真的，但推理却是无效的，所得到的结论不可靠。为什么这么说？我们只要仿照它的格式，换些数字，就可以看出这个推理的无效性。

∵ 所有能被 4 整除的数都能被 2 整除，

14 能被 2 整除，

∴ 14 能被 4 整除。

这个结论显然是假的。

例2中得出了正确的结论是一种巧合。可见，第(2)种情形所得出的结论是不可靠的。

例3则是前提为假，虽推理有效，得到的结论不真。属于第(3)种情形。

数学是非常严谨的。在社会科学中，可以通过调查得出结论，甚至可以用权威人士的话作为推理的依据。在物理和化学里，实验是得出结论的主要手段。

演绎推理和完全归纳推理是有效的，不完全归纳推理和类比推理不是有效的，数学教育家波利亚把它们统称为"合情推理"。作为一门科学的逻辑学，只研究有效推理。合情推理是很有价值的，但严格来说，它是一种思想方法。

这么说，是不是有效推理是最了不起、最伟大的？任何事情都有两面。逻辑虽然那么优美、那么严谨、那么无懈可击，它也有弱点。因为推理的结论由前提推出,作为某一门科学来说,公理决定了一切。从某种意义上说,逻辑得不出什么新东西。

合情推理可以得到一些全新的假说。当然,这些假说有待于论证。我们在学习数学,以及寻找解题思路的时候,合情推理是重要工具。

当然,合情推理有时会得到假的结论。

譬如,$\frac{1}{3}$化为小数,循环节是1位,$\frac{1}{7}$化为小数,循环节是6位,于是得出$\frac{1}{P}$化为小数时循环节一定是$P-1$位。

这是不完全归纳得到假的结论。譬如$\frac{1}{99}$,循环节只有2位,这样的反例多得是。

再如,$-5x=10$,两边除以-5,得到了$x=-2$。到学习不等式时,对$-5x<10$,两边除以-5,得到了$x<-2$,就不对了。这是类比惹的祸。

最后以一个笑话结束本节。

有一位同学叫林木森,他在自己考卷的姓名栏上填上了"木×(2+1+3)"。同学问他这是为什么?他答曰:"数学里不是有个乘法分配律吗?木×(2+1+3)一展开,不就是林木森了吗?这叫类比,你懂吗!"

> **小结一下**
>
> "对错"与"真假"是两码事。
>
> 真假是针对命题说的,指一个命题是否符合客观事实;对错(有效无效)是针对推理过程说的,指推得某个命题的时候是否符合推理规则。
>
> 作为一门科学的逻辑学,主要研究推理,所谓逻辑错误,主要指推理是无效的。
>
> 逻辑实际上得不到新东西,而合情推理有可能得出新的结论来。逻辑推理和合情推理各有自己的优缺点。

2. 演绎法

三段论是传统逻辑中的一个重要内容。所谓三段是指大前提、小前提和结论。例如：

三角形内角和等于180度（大前提）

△ABC 是三角形（小前提）

所以，△ABC 的内角和等于180度（结论）

三段论的本质是从一般到特殊，大范围所具有的性质，那么在大范围里的某个对象，或者大范围里的某个小范围，也都有这个性质。这就是**演绎法**。

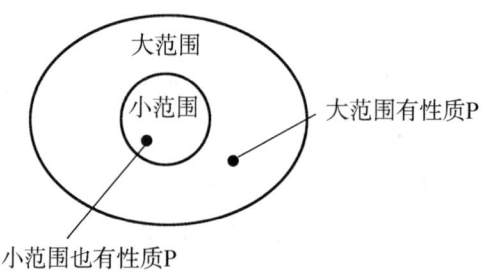

图 4.1

传统逻辑的教科书里，三段论被讲得很玄乎，什么大项、中项、小项，什么周延，绝对可以把人搞得晕晕乎乎。"逻辑先生"告诉我们，学数学有个好处，这个情况可以用集合作解释。如图 4.1，如果一个集合里的元素都有某种性质 P，那么它的任一个元素都有这个性质 P，或者它的子集里的元素也都有性质 P。这样解释，一目了然。

再联系前面讲到的全称命题，演绎法的本质就是在一个全称命题成立的条件下，得出对某一个（属于讨论范围的）对象也成立，同时对某一个小范围（包含于讨论范围）也成立。即如果

$$\forall x, P(x) \qquad x \in D$$

就是说，在集合 D 里，每一个元素 x 都有性质 P，那么，集合 D 里的某个

元素 $x_0(x_0 \in D)$ 必有性质 P，即
$$P(x_0) \quad (x_0 \in D)$$
或者，集合 D 的某个子集 $D'(D' \subseteq D)$（以及子集 D' 的元素）都有性质 P，即
$$\forall x, P(x) \quad x \in D' \quad (D' \subseteq D)。$$

中学数学中的习题，基本上都用演绎法进行推理。就是根据已经证明的一般原理（定理、公式），解决习题中特殊条件下的某些结论。

有些定理、公式的证明，从一般到特殊的过程特别明显。如下面的组合数公式的证明过程。

求证：$C_n^0 + C_n^1 + C_n^2 + \cdots + C_n^n = 2^n$。

证明：因为
$$(a+b)^n = C_n^0 a^n + C_n^1 a^{n-1} b + C_n^2 a^{n-2} b^2 + \cdots + C_n^n b^n,$$
令 $a = b = 1$，得
$$2^n = C_n^0 + C_n^1 + C_n^2 + \cdots + C_n^n。$$

它是根据二项式定理这个一般情况，特殊化后得到的。

特别要指出，数学定理的推论，就是从一般到特殊，用的都是演绎法。譬如，已知三角形面积等于 $\frac{1}{2}bh$（b 是一条边，h 是该边上的高），那么可以有以下推论：直角三角形面积等于 $\frac{1}{2}ab$（a、b 是直角边）；等边三角形面积等于 $\frac{\sqrt{3}}{4}a^2$（a 是等边三角形的边长）。

小结一下

演绎法是从一般到特殊的证明方法。

演绎法的逻辑依据是三段论。从数理逻辑角度看，不过是从全称命题推得个别的对象也满足某个性质而已。

3. 归纳法

先讲个笑话。一个小孩子学认字。第一天老先生教他写"一",第二天教他写"二",第三天教"三"。这个孩子说:"我会了会了,写字认字,一点也不难。"

后来这个小孩开始在街边摆摊,给人家写信什么的。有一天,摊前来了一位特殊的顾客,小孩问他:"请问您尊姓大名?"

顾客说:"我叫万千百。"

这小孩开始写他的名字。一横一横……写得满头大汗,只写了几十横。

"您的名字太复杂了。"

原来,这个小孩以为,"万"字应该是一万横。

"一"是一横,"二"是两横,"三"是三横,都是几道"横",仅这三个例子,就以为所有的字都是由很多"横"组成的。从逻辑角度说,这个孩子用了**不完全归纳法**。

归纳法

上一节的演绎法,是从一般到特殊。这一节讲的**归纳法**,则是从特殊到一般。从个别的对象来证明一个一般性的结论,这种推理方法叫归纳法。

归纳法有两种:"不完全归纳法"和"完全归纳法"。前文的例子说明,不完全归纳法得到的结论不一定靠谱。

数学家费马曾经通过几个例子得出一个结论。

$$2^{2^0} + 1 = 3,$$
$$2^{2^1} + 1 = 5,$$
$$2^{2^2} + 1 = 17,$$
$$2^{2^3} + 1 = 257,$$

$$2^{2^4}+1=65\,537,$$

这些结果都是素数,猜测对于任何自然数 n,

$$2^{2^n}+1$$ 都是素数。

18 世纪伟大的瑞士科学家欧拉(L. Euler,1707—1783)却举出了 $2^{2^5}+1=4\,294\,967\,297=6\,700\,417\times641$ 这样一个反例,从而推翻了费马归纳的结论。

这样的事情,数学史上有很多。

作为有效推理的归纳法,必须是完全归纳。就是我们讨论的范围(集合 D)里的每一个元素都被证明有某种性质 P,才能说集合 D 里的每一个元素都有性质 P。这在前面第三章中已经提及。

这里有几种情况。第一种是集合 D 里的元素只有有限个,那么一个个进行验证,理论上是可以做到的。

一直受到诟病的鸡兔同笼题:"共有头 14 个,腿 38 条,求鸡和兔子各有多少只?"有很多解法,因为是有限的情形,所以可以用归纳法。

设鸡为 0 只,那么兔有 14 只,腿共有 56 条,显然不符合题意。

如果鸡是 1 只,兔是 13 只,腿共有 $1\times2+13\times4>38$,不合题意。

……

一直到试到鸡是 14 只,可以得出结论。

这是最笨的办法。还可以先利用一些限制条件,譬如,因为腿共有 38 条,兔子数只能小于 9。相应的,鸡的数目也受到限制。用这样的办法,可以减少试验次数。请聪明的读者想一想,并解答一下。

分类讨论

有时,我们把讨论的范围(集合 D)分成几个小一点的范围,在各个小范围里进行证明,这就是数学里的一种方法:**分类讨论**。这个 D 可能是一个无穷集合。分类讨论有归纳的思想在里面,而在某个小范围里进行证明的时候,常常利用演绎的做法。所以,实际上这是演绎归纳相结合的方法。这就是第二种情况。

分类时,一定要按某个标准进行,同时要做到不重不漏。这在第一章里已经有所阐述。

譬如,要解方程$|x+2|+|3-x|=5$。

方程里含绝对值符号,去掉绝对值符号,必然要进行分类讨论。

将实数以$x=-2,x=3$为界分割成三个区域:$x<-2$,$-2\leqslant x\leqslant 3$,$x>3$。

当$x<-2$时,方程变为
$$-(x-2)+3-x=5,$$
$$x=0(与x<-2矛盾,舍去)。$$

当$-2\leqslant x\leqslant 3$时,方程变为
$$x+2+3-x=5,$$
这是个恒等式,所以满足$-2\leqslant x\leqslant 3$的实数x都是方程的解。

当$x>3$时,方程变为
$$x+2-(3-x)=5,$$
$$x=3(与x>3矛盾,舍去)。$$

综上所述,方程的解是$-2\leqslant x\leqslant 3$。

数学归纳法

第三种情况是**数学归纳法**。"逻辑先生"说,这是数学的独门绝技。

假如我们讨论的范围有无穷多个元素,一个一个地进行证明是不可能的。如果这个讨论范围虽然有无穷多个元素,但可以一个一个排成行,或者可以被认为是和n有关的集合,此时数学家用了一种方法,叫数学归纳法,有可能解决这类复杂问题。

譬如,要证明:凸n边形有$\frac{1}{2}n(n-3)$条对角线。

证明：第一步，当 $n=3$ 时，三角形的对角线有 $\frac{1}{2}n(n-3)=0$ 条。

第二步，假定当 $n=k$ 时，k 边形的对角线有 $\frac{1}{2}k(k-3)$ 条。

那么，当 $n=(k+1)$ 时，$k+1$ 边形的对角线是不是 $\frac{1}{2}(k+1)(k+1-3)$ 条呢？

下面就来证明这一点。

假定 k 边形 $A_1A_2A_3\cdots A_k$ 的对角线有 $\frac{1}{2}k(k-3)$ 条，如图 4.2 所示，那么在这个多边形的某条边 A_1A_k 外面再搭一个三角形，成 $k+1$ 边形 $A_1A_2A_3\cdots A_kA_{k+1}$。由于 k 边形 $A_1A_2A_3\cdots A_k$ 的对角线有 $\frac{1}{2}k(k-3)$ 条，新的 $k+1$ 边形的对角线数是原有的对角线数加

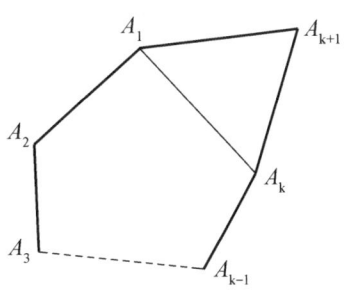

图 4.2

上新增的对角线数。而新增的对角线，一种是从 A_{k+1} 这个点出发的，显然，从 A_{k+1} 这个点出发的对角线有 $k-2$ 条；另一个，原先 A_1A_k 是边，现在成了新的 $k+1$ 边形的对角线了，于是总共有

$$\frac{1}{2}k(k-3)+k-2+1$$

$$=\frac{1}{2}[k(k-3)+2k-2]$$

$$=\frac{1}{2}(k^2-k-2)$$

$$=\frac{1}{2}(k+1)(k+1)-3]\text{条}。$$

由以上两点，就证明了 n 边形有 $\frac{1}{2}n(n-3)$ 条对角线。

弄懂数学归纳法已经不容易，即使懂了，用起来还是可能发生错误。

第一种常见错误是,依样画葫芦。

要知道,$n=k$ 时结论成立是假设的,$n=k+1$ 时结论成立是要依据 $n=k$ 的情况证明的。这里的两个关键词:第一是要证明的,第二是一定要依据 $n=k$ 的情况,凡是不用到 $n=k$ 的情况得出 $n=k+1$ 时结论成立的,都是错误的。

例如,在证

$$1+2+3+\cdots+n=\frac{n(n+1)}{2}$$

时,有人是这样做的。

(1) $n=1$ 时,等式显然成立。

(2) 设 $n=k$ 时,等式成立,即

$$1+2+3+\cdots+k=\frac{k(k+1)}{2},$$

那么,$n=k+1$ 时,

$$1+2+3+\cdots+(k+1)=\frac{(k+1)(k+2)}{2},$$

细看 $n=k+1$ 时的所谓证明,不就是将 n 用 $k+1$ 代入一下么?根本没有用到 $n=k$ 时的结果。

第二种常见错误是,形归纳实演绎。

以上题为例。在证明第二步时,用首尾配对的方法,就是

左边 $=1+2+3+\cdots+(k+1)$

$=[1+(k+1)]+(2+k)+\cdots$

$=\frac{1}{2}[(1+(k+1)]\times(k+1)$

$=\frac{1}{2}(k+1)(k+2)。$

这样做的话,前面的归纳假定都是废话了。

第三种错误是错误估计项数。 数学归纳法的题目常常涉及数列。对于数列,在第二步从 $n=k$ 到 $n=k+1$ 时,不但最后一项里的 n 要用 $k+1$ 替

代,而且项数也发生了变化,原先是 k 项,现在成 $k+1$ 项了。

小结一下

归纳法是和演绎法相对的,归纳法是从小到大。

归纳法有不完全归纳法和完全归纳法之分。

通常认为,完全归纳法有三种情况:一是对象有限个,理论上可以一一审查;二是可以分类讨论;三是对象有无穷多个,没有办法一个一个审查,也不可能一小块一小块验证,在对象可以排成一行的时候,可以试用数学归纳法。

数学归纳法有两步。第一步是归纳假定,第二步是证明有传递性。其实,数学归纳法里有演绎的成分。

练习 16

1. 24 只轮子,可以装配几辆自行车和三轮车?

2. 解不等式 $\sqrt{x-1} > x-3$。

3. 用数学归纳法证明:$\dfrac{1}{1\times 3} + \dfrac{1}{3\times 5} + \cdots + \dfrac{1}{(2n-1)(2n+1)} = \dfrac{n}{2n+1}$。

4. 特殊值法

我们常说"一滴水看大海",这句话对不对?

有人说:这不是由特殊情况推断得到总体情况吗?

通常说,从一滴水的情况,是不能判断整个大海的情况的。但是,某个海域的天气水文情况是一样的,你可以假定整个海域的某个指标(譬如盐的含量)一致。在这个前提下,一滴水就可以判断整个大海的这个指标的情况了。这个一致的前提很重要。

譬如,我们想知道我国东海杭州湾的海水含盐度。在理想状态下,杭州湾海域的海水含盐度是一致的。就是说,不管是靠北边一点的海水,还是靠南边一点的海水,它们的含盐度是一样的。那么,我们只要测一个小范围地方的海水含盐度就可以了。譬如,我们测了杭州湾靠南海域的海水,含盐度是 35‰,于是可以推断:我国东海海水含盐度是 35‰。

本节继续上节从特殊到一般的话题。上节里,从特殊到一般,必须用完全归纳法,因为不完全归纳法是不可靠的。这节里,我们将看到,在某些条件下,从特殊是可以得出一般结论的。

一致型命题

上面说到的一滴水看大海的问题里,我们有个前提:杭州湾的海水含盐度是一样的。就是说,存在了一个数值 k‰,任意的杭州湾海域的海水,其含盐度都是 k‰。你看,存在(∃),任意(∀)……这是个一致型命题!

所以说,在一致型命题的条件下,有时可以用某个个体的情况对整体作出判断。这个思想在数学里被经常使用,不过我们一般不会从逻辑角度进行思考。

当需要求解不等式 $f(x) = x^2 - 3x + 2 > 0$ 时,我们常用讨论法解这类题。这里的题是二次的,其实不一定要用讨论法。但在高次的情况下,讨论法用得更多些。比如微积分里,用导数研究函数的增减性,就要用到。

用讨论法解这类题时,将实数集 **R** 适当分成若干区间,使每个区间内函数 $f(x)$ 的值同号。因为 $x=1, x=2$ 时,$f(x)$ 为 0,本题就是将 **R** 分成 $(-\infty,1),(1,2),(2,+\infty)$ 三个区间。接下去判断每个区间里 $f(x)$ 的符号。

我们只知道在每个区间里 $f(x)$ 保持同一个符号(一致!),但是究竟是正还是负,我们还不清楚,即:

存在($\exists$)一个符号($+$ 或 $-$),任意($\forall$)该区间里的自变量 x,$f(x)$ 都是这个符号。

怎么处理?只要在该区间内随意挑一个数 a 代入函数 $f(x)$,若 $f(a)>0$,则函数 $f(x)$ 在该区间内全为正;若 $f(a)<0$,则函数 $f(x)$ 在该区间内全为负。

譬如,在区间 $(-\infty,1)$ 里挑 $x=0$,此时 $f(x)$ 等于 2,为正。我们可以断言,在 $(-\infty,1)$ 这个区间里 $f(x)$ 都为正。对区间 $(1,2),(2,+\infty)$ 可同样处理。

x	$(-\infty,1)$	$(1,2)$	$(2,+\infty)$
x^2-3x+2	正	负	正

于是,得到原不等式的解是

$$(-\infty,1) \vee (2,+\infty)。$$

这就是在一致条件下,用特殊值法解题的例子;此外还有好多场合会用到这种方法。

首先是解选择题时常常使用**特殊值法**。其次,我们常常将其用于**待定系数法**。

譬如,要分解因式:$x^2(y-z)+y^2(z-x)+x^2(x-y)$。

在这个式子里,把 x 换成 y,y 换成 z,z 换成 x 之后,得到的式子和原来的一样,这样的式子叫**轮换式**。轮换式在进行因式分解时,可以把这个式子看成关于 x 的多项式,将 x 用 y 代入,这个式子等于 0,于是 y 是这个多项式的一个根,这个式子应该含有因式 $(x-y)$。

由于是轮换式,$y-z$,$z-x$ 也是它的因式,从而它们的积 $(x-y)(y-z)(z-x)$ 也是它的因式。

原式是三次多项式,这个乘积也是三次的,因此两者最多相差一个常数因数,即

$$x^2(y-z)+y^2(z-x)+z^2(x-y)=k(x-y)(y-z)(z-x)。$$

至此,有多种办法来确定待定系数 k 值。我们从一致型命题的角度看。

这个式子,意味着存在一个 k,使对任意的 x、y、z,这个等式都成立。于是可以设 x、y、z 的一组数,譬如,$x=2$,$y=1$,$z=0$,这时候

左边 $=4-2+0=2$,

右边 $=k\times(-2)$,

于是 $k=-1$。

所以

$$x^2(y-z)+y^2(z-x)+z^2(x-y)=-(x-y)(y-z)(z-x)。$$

第三,定值问题和恒成立问题,常常使人感到困难,我们用一致型命题的观点分析,也可以找到一些门道。我们通过下面的例题来讲解。

已知 $\dfrac{1}{a}+\dfrac{1}{b}+\dfrac{1}{c}=1$,求证:$\dfrac{b+c}{a}+\dfrac{c+a}{b}+\dfrac{a+b}{c}-a-b-c$ 是定值。

这道题的意思是:不论 a、b、c 是怎样的数 $\left(\text{当然要满足} \dfrac{1}{a}+\dfrac{1}{b}+\dfrac{1}{c}=1\right.$,这是约束条件$\left.\right)$,式子 $\dfrac{b+c}{a}+\dfrac{c+a}{b}+\dfrac{a+b}{c}-a-b-c$ 的值总是固定的一个数值。但是这个数值是多少,并没有指出。如果改说成:"存在一个数值 A,对于每一个符合条件的数组 a、b、c,式子 $\dfrac{b+c}{a}+\dfrac{c+a}{b}+\dfrac{a+b}{c}-a-b-c$ 的值总等于 A",这就很明显是一致型命题了。如果将它形式化,就是

$$\exists A \forall (a,b,c) \left(\frac{b+c}{a} + \frac{c+a}{b} + \frac{a+b}{c} - a - b - c = A \right),$$

其中 a, b, c 是满足

$$\frac{1}{a} + \frac{1}{b} + \frac{1}{c} = 1 \text{ 的数组}。$$

这就是所谓的定值问题,它本质上是一致型命题。这个定值 A 是不知道的,而用特殊值法,可以探求出这个定值。

此题中既然不论 a、b、c 是怎样的数(当然要满足题设条件 $\frac{1}{a} + \frac{1}{b} + \frac{1}{c} = 1$),式子 $\frac{b+c}{a} + \frac{c+a}{b} + \frac{a+b}{c} - a - b - c$ 的值总是固定的一个数值,那么对特殊的一组数 $a = 3, b = 3, c = 3$(满足题设条件 $\frac{1}{a} + \frac{1}{b} + \frac{1}{c} = 1$),代入式子 $\frac{b+c}{a} + \frac{c+a}{b} + \frac{a+b}{c} - a - b - c$ 的值就是这个定值 A。

于是我们令 $a = b = c = 3$,得

$$\frac{b+c}{a} + \frac{c+a}{b} + \frac{a+b}{c} - a - b - c = -3。$$

于是原题就转化为

"已知 $\frac{1}{a} + \frac{1}{b} + \frac{1}{c} = 1$,求证:$\frac{b+c}{a} + \frac{c+a}{b} + \frac{a+b}{c} - a - b - c = -3$。"

用特殊值法就将这个定值问题转化为一个普通的等式证明题了。

这类题,可以改成

不论 a、b、c 是怎样的数(当然要满足题设条件 $\frac{1}{a} + \frac{1}{b} + \frac{1}{c} = 1$),式子 $\frac{b+c}{a} + \frac{c+a}{b} + \frac{a+b}{c} - a - b - c = -3$ 恒成立,这就变成所谓的"恒成立问题"了。

第四,还有一类题叫"条件求值"题,就是在某个条件下,求另一个式子的值。

把上题改一下,即成为下面这样的条件求值题:

已知 $\dfrac{1}{a}+\dfrac{1}{b}+\dfrac{1}{c}=1$,求 $\dfrac{b+c}{a}+\dfrac{c+a}{b}+\dfrac{a+b}{c}-a-b-c$ 的值。

把满足条件的一组组数值代入进去,应该得到一个个结果。但是这些结果如果不相同的话,这个题目还能叫"求值"吗?因此,这类题"默认"了代入得到的数值应该是一样的,所以就是

"存在数值 A,对任意 a、b、c(当然要满足条件),某个式子的值等于 A"这样的结构。所以"条件求值题"和"定值问题"本质上是相同的。

因为经过分析,题目是默认了条件求值题里要我们求的那个值 A 是个常数,所以,其实我们只要将满足条件的一组数代入就可以求得这个结果了。如上面说的,令 $a=b=c=3$,得到结果是 -3。这个 -3 就是这道题的答案。

讲到这里,相信不少同学都会欢呼雀跃:"这下对这类条件求值题,我找到了一个简捷的解法了!"

"逻辑先生"惋惜地认为,我国当前的中学数学界是不认可这种解法的。但是,如果这是一道填空题,情况又不同了。

当 $\dfrac{1}{a}+\dfrac{1}{b}+\dfrac{1}{c}=1$ 时,$\dfrac{b+c}{a}+\dfrac{c+a}{b}+\dfrac{a+b}{c}-a-b-c=(\qquad)$。

此时,你直接可以把 -3 这个结果填进去。

上面对所谓的"定值问题"和"恒成立问题""条件求值题"的本质进行了剖析。对于这三者之间的关系,你弄清楚了吗?以后见到这些名词不要再害怕了!

譬如,已知直线 $(3+2m)x+(2-m)y-5-m=0$,求证:无论 m 取何值,该直线恒过一个定点。

题目里的 (x,y) 是动点,满足题中的一个方程,其中 m 是参数,不同的 m 对应不同的方程(曲线),这样看,这个方程就代表了一组方程,或一族曲线。

题目说,这一族曲线恒经过一个点。从一致型命题看,这使我们对这类题的本质认识得更清晰。它的逻辑结构就是:

存在点 $A(x_0, y_0)$，对任意的 m、x_0、y_0，都满足方程 $(3+2m)x + (2-m)y - 5 - m = 0$。

令 $m = 2$，得方程
$$7x - 5 - 2 = 0,$$
$x = 1$。注意：这是一个方程（曲线）。

令 $m = -\dfrac{3}{2}$，得方程
$$\left(2 + \dfrac{3}{2}\right)y - 5 + \dfrac{3}{2} = 0,$$
$y = 1$。注意：这也是一个方程（曲线）。

我们现在从一族曲线中挑了两条。这两条曲线是 $x = 1, y = 1$，它们有交点，交点是 $(1,1)$。这个 $(1,1)$ 有可能是这一族曲线都经过的点。（这是探求）

于是，将该点坐标代入原方程，两边相等。可见，这族曲线都经过点 $(1,1)$。

这也是恒成立问题，通常叫作**定点问题**。

从这些例子中可以看出，一致型命题可以帮助我们探求定值（点）。定值（点）知道后，这个问题就转化为普通的等式证明题了。"逻辑先生"把一致型命题看成初等数学里的一个瑰宝。

这类题的解法很多，但不是每一个一致型命题都可以通过特殊值法求出定值。例如，有界函数的定义是一致型命题：

∃一个正数 m，对于每一个 x，$|f(x)| < m$，

取特殊值，令 $x = a$，虽然可以得到 $|f(a)| < m$，但 m 值并没能求出来！

回头说说前面的文章中提到的故事，就是张三、李四、王二麻子三个好朋友聚餐。假定真的如张三所说："有一个菜肴我们人人都喜欢的。"那么怎么判断究竟是哪个菜肴是人人喜欢的呢？

这是个一致型命题：∃一个菜，∀人，人喜欢这个菜肴。

能不能用特殊值法求出究竟哪个菜肴是人人都喜欢的？不能。为什么？

当时他们是这么回答的：

张三喜欢吃红，

李四喜欢吃红、白，

王二麻子喜欢吃红、黄、青。

譬如问王二麻子,如果王二麻子回答说,喜欢红、黄、青,你能得出什么结论来呢？除非你恰巧问了张三,因为张三只喜欢一个菜(红),这时候可以确定大家共同喜欢的菜(红)。

可见,即使有了一致型命题这个前提,特殊值法也未必都有效。

例证法

从特殊到一般,我们强调了必须用完全归纳法。但是近年来出现了一种例证法,就是用若干个例子,可以证明一个全称命题成立。当然这是有条件的。

譬如,要证明

$$\frac{(x-b)(x-c)}{(a-b)(a-c)} + \frac{(x-c)(x-a)}{(b-c)(b-a)} + \frac{(x-a)(x-b)}{(c-a)(c-b)} = 1。$$

这个式子可以看成关于 x 的方程,那么只是在 x 等于某几个数值(根)时,这个式子才成立。从逻辑角度看,是 $\exists k$(当 $x=k$ 时,此式成立)。

经过分析,它是个二次方程,这样的 k 有且只有两个。

现在,将 $x=a$ 代入此式,得

$$\frac{(a-b)(a-c)}{(a-b)(a-c)} = 1,$$

说明 $x=a$ 是方程的根。

同理, $x=b, x=c$ 也是方程的根。

二次方程竟然有三个根。这说明了什么问题？说明此式不是方程而是恒等式。于是等式得证。

你看，用三个（有限个）例子证明了一般结论。更有甚者，对于二次式，有人认为只要举一个例子就够了。

譬如，要证明 $(x+1)(x-1) = x^2 - 1$。

这个式子大家一定非常熟悉，它是平方差公式的特例，它的证明也非常简单，但是这里我们从例证法的角度来证。

这是个二次式，按上面例题的经验，我们只要代入三个数值即可。但是，我说只要代入一个例子就可以证明，你会同意吗？你肯定不同意。

事实却真是这样。我们只要代入 $x=10$，算一下，两边都等于99，式子成立，于是就可以下结论，这是一个恒等式！

为什么？你一定想不通！

此式整理之后是个二次式

$$ax^2 + bx + c = 0,$$

其中的系数 a、b、c 是可以算出来的，但是我们故意不去算。这时候，我们只是估计一下，a、b、c 应该是整数，且绝对值都不会超过5。

用 $x=10$ 代入，有

$$a \times 100 + b \times 10 + c = 0, \tag{1}$$

$$|100a| = |10b + c|$$

$$\leq |10b| + |c|$$

$$\leq 55。$$

于是，a 必定等于0。这样一来，式（1）成为

$$b \times 10 + c = 0,$$

又可得

$$|10b| = |c| \leq 5。$$

于是，得 $b=0$。接下去，可得 c 也等于0。这样一来，原式是恒等式，题目得证。

一个例子就够了！不是吗？但在这里，例子的数值必须足够大。

例证法的思想是我国数学家洪加威首先提出的。

你可能会说,用这个方法反而使问题复杂了。是的,对于这个简单的例子来说,是有点弃简就烦了,但是在计算机领域就大有作为哦!上例的解法我们在中学里暂时用不上,这里只是让大家开阔一下眼界。

小结一下

本节继续上节里从特殊到一般的话题。在某些条件下,从特殊是可以得出一般结论的。而此时常常要有一致型命题作为前提。

数学里的定值(点)问题、恒成立问题、条件求值题,都和一致型命题有关,利用特殊值法可以探求定值。

练习 17

1. 已知 $x+y=1$,则 $x^3+y^3+3xy=(\ \ \ \ )$。

2. 在等边三角形 ABC 的边 BC 和 AB 上分别任取点 D 和 E,使 $BD=AE$,AD、EC 交于 O,求证:$\angle COD$ 为定值。(只要探究定值)

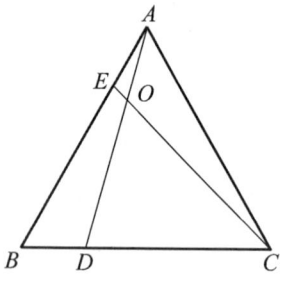

图 4.3

3. 证明余数定理:多项式 $f(x)$ 被一次式 $(x-a)$ 除,所得的余数当然是一个常数,这个常数恰巧等于 $f(a)$。即证明:$f(x)=(x-a)g(x)+f(a)$。

5. 反证法

一个铁球和一个同样大小的木球,从同一个高度处同时落下,你说,哪个球先着地?

"那当然是铁球啦!"

不但你会这样想,古代伟大的学者亚里士多德也这样认为:物体越重,下降的速度越快。

那么,这个想法对不对呢?

斜塔上的实验

据说伽利略曾登上比萨斜塔,同时扔下一个铁球和另一个同样大小的木球。人们发现这两个不同材质的球同时落到了地面。

伽利略的这个做法是用实验验证自己得出的一个重要结论。

第一步,假设亚里士多德的结论是正确的,现在有 A、B 两个物体,且 A 比 B 重得多,那么 A 应比 B 先落地。

第二步,现在把 A、B 两个物体捆在一起成为一个物体 A + B,

这时由于 A + B 比 A 重,因此 A + B 这个物体应比 A 先落地。

另一方面,由于 A 比 B 落得快,当 A、B 两个物体在一起时,B 应使 A 的下落速度减慢,所以 A + B 又应比 A 后落地。

第三步,这样便出现了矛盾:A + B 既比 A 先落地,又比 A 后落地。这个矛盾是怎样造成的呢?就是由于开始"假设亚里士多德的结论是正确的"造成的,因此亚里士多德的结论是错误的。

伽利略的推理过程有点曲折。先假设某个观点正确,然后由此推导出矛盾的结果,从而得出开始的假设不能成立,即那个观点是错误的。

这种证明方法叫**反证法**。

反证法的原理和步骤

反证法非常有用。有个成语叫"自相矛盾",说的是有个人卖矛又卖盾,先吹嘘说他的盾很坚固,什么矛都戳不穿;接着又夸他的矛很锋利,什么盾都能戳穿。当路人问:"用你的矛戳你的盾会怎样呢?"这家伙无言以对了。

分析一下这个推理过程。这里有两个命题:他的矛什么盾都能戳穿;他的盾什么矛都戳不穿。我们现在来证明两个命题不能同时为真。

第一步,先假设"他的矛什么盾都能戳穿"和"他的盾什么矛都戳不穿都为真"。

第二步,考虑"用你的矛戳你的盾会怎样"。若戳不穿,第一个命题不成立;若戳得穿,第二个命题不成立。

第三步,出现矛盾,说明假设不成立,得出反面的结论,即证明了两个命题不能同时为真。

类似的故事很多,说明反证法的应用很广。

反证法的逻辑依据有多种解释,通常的证法如下。

第一步(归谬假定,或叫反设),先假定 Q 不成立,就是说 $\neg Q$ 成立。

第二步(引出矛盾),利用 $\neg Q$ 和已知条件 P 一起进行推理,引出矛盾。

第三步(肯定结论),为什么出现这样的矛盾呢?说明"假定 Q 不成立"不真,于是 Q 是成立的。

"逻辑先生"告诫大家,第一步反设,是最容易出错的地方,所以要学好各类命题的否定!

数学中的例子

在数学中,反证法的应用太多了。比如,在中学数学教学过程中,反证法常常用在下面的场合。

第一种,涉及**否定形式的命题**,即包含"不存在""没有""不是"等否定词的命题。

譬如,设 a、b、c 是整数,求证:一元二次方程 $ax^2+bx+c=0$ 的判别式的值不能是 1990 和 1991。

我们用反证法。

首先,假设判别式
$$\Delta = b^2 - 4ac = 1990 = 4 \times 497 + 2。$$

于是,b 必是偶数(因为若 b 是奇数,则上式左边是奇数,而右边是偶数,得到矛盾)。令 $b=2m$,则
$$4m^2 - 4ac = 4 \times 497 + 2,$$

上式左边是 4 的倍数,而右边不是 4 的倍数,产生矛盾。故 Δ 不可能为 1990。

其次,假设判别式
$$\Delta = b^2 - 4ac = 1991 = 4 \times 497 + 3。$$

于是,b 必是奇数。令 $b=2m+1$,则
$$(2m+1)^2 - 4ac = 4(m^2+m-ac)+1 = 4 \times 497 + 3,$$

上式左边被 4 除余 1,而右边被 4 除余 3,由此得到矛盾。故 Δ 不可能为 1991。

第二种,涉及**至多、至少**的命题。

譬如,A、B 两人中"至少"有一个是男的,涉及了三种情形:

A 是男的,B 是男的;

A 是男的,B 是女的;

A 是女的,B 是男的。

而它的反面只有一种情形:

A 和 B 都是女的。

所以对于"至少"命题,用反证法常常比较方便。让我们看两个例子。

如果实数 a、b、c、d 同时满足 $a+b=1$,$c+d=1$,$ac+bd>1$,求证 a、b、c、

d 中至少有一个是负数。

用反证法。假设 a、b、c、d 都是非负数。那么由
$$a+b=1, c+d=1,$$
得
$$(a+b)(c+d)=1,$$
即
$$ac+bd+bc+ad=1。$$
$$\because \quad ac+bd>1,$$
$$\therefore \quad bc+ad<0。$$

由此得出 a、b、c、d 中有负数,与假设相矛盾。故原命题得证。

又如,2008 个苹果分给 150 个小孩,求证:至少有 6 个小孩分到的苹果数相等。

用反证法。假设并非"至少有 6 个小孩分到的苹果数相等",就是"至多只有 5 个小孩分到的苹果数相等"。

考虑苹果数最少的极限情况,此时有 5 个小孩分到 0 个,有 5 个小孩分到 1 个,有 5 个小孩分到 2 个……他们手中的苹果数共有
$$5\times(0+1+2+\cdots+29)=2175(个)$$
即至少要有 2175 个苹果,与已知 2008 个苹果矛盾。所以假设不成立,原命题成立。

下面一个例子则是涉及"至多"的。

求证:以 $(\sqrt{2},\sqrt{3})$ 为圆心,以任意正整数 r 为半径的圆至多经过一个格点(坐标均为整数的点)。

用反证法。假设有两个不同的格点 (x_1,y_1),(x_2,y_2) 在该圆周上,则
$$(x_1-\sqrt{2})^2+(y_1-\sqrt{3})^2$$
$$=(x_2-\sqrt{2})^2+(y_2-\sqrt{3})^2,$$
$$2\sqrt{2}(x_1-x_2)+2\sqrt{3}(y_1-y_2)=x_1^2-x_2^2-y_1^2-y_2^2。$$

上式左端为无理数,右端为有理数,这是不可能的,产生矛盾。所以至多只有一个格点在圆周上。

第三种,证明唯一性的命题。

对于存在唯一性命题,可以先证明存在性,然后证明唯一性,就是不会有两个对象同时满足要求。利用反证法比较容易,方法和证明"至多"的命题相同。

第四种,涉及无穷的命题。

譬如,证明素数无穷多。

这是数学史上有名的一个例子,首先是由古希腊数学家欧几里得证明的,用的就是反证法。

第一步,假设素数的数目有限,譬如只有 n 个素数。令这 n 个素数是 $P_1, P_2, P_3, \cdots, P_n$。

第二步,现在构造一个新数 N,它是这样的一个数:把所有素数 $P_1, P_2, P_3, \cdots, P_n$ 相乘,然后在乘积上加 1,即 $N = P_1 \times P_2 \times P_3 \times \cdots \times P_n + 1$。

首先,显然 N 大于每一个素数 $P_1, P_2, P_3, \cdots, P_n$;

其次,由于我们已假定只有 n 个素数 $P_1, P_2, P_3, \cdots, P_n$,所以 N 一定是一个合数。

再次,既然 N 是合数,它可以分解成素数的乘积,而且一定是 $P_1, P_2, P_3, \cdots, P_n$ 中某些素数的乘积,也就是说,N 一定是它们中的某一个数的倍数。

将 N 除以 P_1,得到余数 1,所以 N 不能被 P_1 整除。

同理,N 不能被 $P_2, P_3, \cdots, P_n$ 中的任何数整除。这意味着 N 是 $P_1, P_2, P_3, \cdots, P_n$ 之外的,而且是大于它们之中任何一个的素数,这就和前面的假设"只有 n 个素数"发生矛盾。

第三步,因此,前面的假设是站不住脚的,于是得出结论:素数无穷多。

当然,在其他场合也会用到反证法。

> **小结一下**
>
> 本节讲了反证法的原理和步骤。
>
> 在数学中,有几种情况常常要用反证法,包括涉及否定、至多、至少、唯一、无穷等的命题。

练习 18

1. 求证:直角三角形中必有一个不大于 45 度的内角。

2. 实数 a、b、c 同时满足 $a+b+c>0, ab+bc+ca>0, abc>0$,求证:$a$、$b$、$c$ 全都是正数。

6. 同一法

让人捧腹大笑的传统曲艺《三笑》里,著名画家唐寅(唐伯虎)为了追求华相府的丫鬟秋香,竟化名"康宣",卖身投靠,当了华府的书童。为什么唐寅化名康宣呢?这是因为"康宣"两字写得潦草时,和"唐寅"两字差不多。经过种种曲折,康宣后来真的带着秋香逃出了华府,临行时在墙上留下一首藏头诗。每句诗的第一个字连起来是"唐寅去了"。

唐寅在华府半年多,但是主人华太师只知道他叫康宣。直到看了这首诗,才知道:

$$\text{康宣就是唐寅,} \qquad (1)$$
$$\text{唐寅就是康宣。} \qquad (2)$$

康宣、唐寅原来是同一个人。

其实,古人有名,还有字、号什么的,唐寅还可以叫唐伯虎,除了假名康宣外,卖身后又改称"华安"。这种同一个人多个名字的现象,确实引起了不少麻烦。

同一法的原理和步骤

上面的句子(1)和(2)是互逆的命题,通常互逆的命题是不等价的,但是这两句的真假却是相同的。数学里很关注这种现象。

什么时候原命题和它的逆命题等价呢?

如果原命题"S 是 P"的主词 S 所指的对象是唯一的,谓词中的 P 也是唯一的,互逆命题"S 是 P"和"P 是 S"就是等价的。这就是同一原理。譬如定理:"等腰三角形的顶角平分线是底边上的高。"

主词"等腰三角形的顶角平分线"是唯一的,谓词中的"底边上的高"也是唯一的。这种情况下,因为原命题为真,它的逆命题也是真的。

如果两个互逆的命题符合同一关系,当证明原命题有困难的时候,可以改证它的逆命题。这种证明方法叫"**同一法**"。

从逻辑上讲,如果想证明"S 有性质 P",我们可以先构造一个具有性质 P 的对象 S_1,然后证明 S_1 就是 S。就是说,S_1 和 S 是同一个东西。这就是通过证明逆命题,从而得出原命题也成立的思想方法。

在数学里,用同一法比较多的是几何证明,通常的证明步骤如下。

第一步,想证明某个图形 G 有某种性质,我们先作出具有这种性质的图形 G_1。

第二步,证明 G_1 满足已知条件。

第三步,根据唯一性,证明具有这种性质的图形 G_1 和已知图形 G 重合。

第四步,得出已知图形 G 具有该性质的结论。

其实,同一法也有以别的形式出现的,不必拘泥于上面的程式。

在初中平面几何学习中,等腰三角形的"三线合一",即顶角平分线、底边上的中线、底边上的高这三条线就是同一条线,是比较难理解的内容。为什么呢?原因就出在人们对同一法的理解不是一下子能够接受的。下面这个例子就与"三线合一"有关。

如何确定等腰三角形底边的垂直平分线必过顶点?实际上,这就是要求我们证明底边上的高和底边上的中线同一,故可以用下面的具体问题来表示。

如图 4.4 所示,已知:$\triangle ABC$ 中,$AB = AC$,$BD = DC$,$DE \perp BC$。求证:DE 过顶点 A。

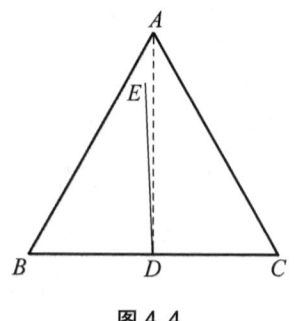

图 4.4

分析:线段 BC 的垂直平分线唯一存在,$\triangle ABC$ 的顶点 A 也唯一存在,符合同一原理,可用同一法。

证明:连接 AD(注意,它现在仅仅是底边上的中线,不知道是不是底边上的高),

∵ $AB = AC, BD = DC, AD = AD$,

∴ $\triangle ABD \cong \triangle ACD$,

∴ $\angle ADB = \angle ADC$,

又 $\angle ADB + \angle ADC = 180°$,

∴ $\angle ADB = \angle ADC = 90°$,

∴ $AD \perp BC$(到这里,才知道 AD 也是底边上的高)。

又 $BD = DC$,

∴ AD 是 BC 的垂直平分线。

但已知 DE 是 BC 的垂直平分线,而 BC 的垂直平分线只能有一条,因此 DE 与 DA 必重合,∴ DE 必过 A 点。

同一法的不同运用

现在的教材对同一法不作要求,所以我们就不多举例题了。但是同一法的思想应该知道。懂得了同一法,常常可以看透一些现象。**"逻辑先生"说,这其实是一种联想能力,一种"举一反三"的能力。**

譬如,求解方程:$x + \dfrac{1}{3} = \dfrac{1}{3}x + 1$。

按常规,要移项,合并同类项……有个同学的想法很别致,他利用直觉说:比较两边,应有 $x = 1$。

就这么解完了?这么简单?对此,通常会有批评的声音:你不是在解方程,而是在"凑"。那么,这个解法对不对呢?代入检查一下,方程两边相等,没有错。

答案没有错,那么解题过程有没有问题呢?

如果是填空题,那肯定是没有问题的。如果是解答题,就需要再完善一下。

对于解方程,通常我们默认了要找出全部的根。这位同学实际上是说"1 是方程的根"。而因为一次方程有且只有一个根,所以这个方程的根就是 1。

这里就用到了同一法的思想。如果题目给出的是二次方程,"凑"就有缺陷了,即使"凑"对,也漏解,因为二次方程有两个根,不符合同一原理。

在解析几何里,也常常用到同一法的思想。

例如,用解析法证明平行四边形的对角线互相平分。

设平行四边形为 $ABCD$。以 A 为原点、AB 所在直线为 x 轴建立直角坐标系,设四个顶点的坐标分别是:$A(0,0)$,$B(a,0)$,$C(a+b,h)$,$D(b,h)$。

那么,对角线 AC 的中点的坐标是 $\left(\dfrac{a+b}{2},\dfrac{h}{2}\right)$。另外,对角线 BD 的中点坐标也是 $\left(\dfrac{a+b}{2},\dfrac{h}{2}\right)$。这说明对角线 AC 和另一条对角线 BD 的中点重合。所以,平行四边形 $ABCD$ 的对角线互相平分。

这里面用到的就是同一法思想。

关于同一法的讨论

笔者认为,互逆的两个命题等价的现象还有其他情况,至少在数学里是这样。

第一种,如果命题"S 是 P"反映了主词 S 和谓词中的 P 之间是对称的关系,那么当原命题"S 是 P"为真时,逆命题"P 是 S"也是真的。譬如,公式

$$\sin^2 a + \cos^2 a = 1$$

中的"="就是个对称关系,所以反过来,

$$1 = \sin^2 a + \cos^2 a$$

也是真的。大家知道,这种公式的逆用在解题时用处很大。

从语言学角度说,这里的"*S* 是 *P*",是"**是字句**",好多定理都是这种句式。但是,"是"这个字的意义多种多样。这里讲的等号" = "是"是"的意思,这时候的"是"是对称的,并且表示同一关系。

"等腰三角形顶角平分线是底边上的高"中的"是",也是同一关系。但是"矩形是平行四边形"里边的"是"就不是同一关系,而是包含关系。这时候就不能想当然地认为它的逆命题也是真的。

第二种,前面说的同一原理,要求命题"*S* 是 *P*"反映了主词 S 和谓词中的 P 都是唯一的(元素)。其实,这个原理可以推广到 S 和 P 是相同的集合。上面说过,"等腰三角形的顶角平分线是底边上的高。"

这里面的"是",也是同一关系。其实,这句话的主词 S 和谓词中的 P 都是集合,并不是一个元素。

再如, $\frac{1}{2}\sin^2 x + C$ 可以看成由一个个函数组成的集合,其中的 C 是任意常数。从图像来看,就是先画出曲线 $\frac{1}{2}\sin^2 x$,然后上下移动(就是 $+C$),得到一族曲线。因此,这个式子是以函数为元素的集合。

另外, $-\frac{1}{2}\cos^2 x + C$ 也是一族曲线。表面看来,它和集合 $\frac{1}{2}\sin^2 x + C$ 似乎不同,但是一旦把这些曲线画出来,你会发现它们是完全一样的。所以,这两个集合是相等的。因此,

$$-\frac{1}{2}\cos^2 x + C \text{ 就是 } \frac{1}{2}\sin^2 x + C,$$

$$\frac{1}{2}\sin^2 x + C \text{ 就是 } -\frac{1}{2}\cos^2 x + C,$$

这是等价的两个互逆命题。

这个现象出现在微积分里,

$$\int \sin x \cos x \, dx = \int \sin x \, d(\sin x) = \frac{1}{2}\sin^2 x + C,$$

或

$$\int \sin x \cos x \, dx = -\int \cos x \, d(\cos x) = -\frac{1}{2}\cos^2 x + C,$$

两个答案都正确。但是,如果进一步作如下运算:

$$\frac{1}{2}\sin^2 x + C = -\frac{1}{2}\cos^2 x + C,$$

$$\sin^2 x + \cos^2 x = 0,$$

那就出错了。原因在于,对任意常数 C,不能像初中代数那样随意抵消。

小结一下

本节讲了同一法的原理和步骤。

第5章

讨 论 篇

1. 生活中的逻辑思维

某地公园对门票价格的问题做了几项规定。

仔细一看,矛盾、漏洞还真不少。譬如,70 岁以上的老人可以免票,1.2 米以下的儿童可以免票,但是又内部规定本地居民可以免票。那么问题就来了,什么是本地居民?看身份证、工作证,还是看居住地?规定就没有细说。

这些都反映出,有些朋友是缺乏逻辑知识的。

学习逻辑的好处

本书主要讲述逻辑在数学中的作用。那么,学习逻辑究竟有什么好处呢?"**逻辑先生**"说,好处非常多,主要有以下这些。

第一,**概念明确**。讨论问题的时候,你总会先弄清楚定义,在明确的定义下再进行讨论。

第二,**不重不漏**。分类必须不重不漏,这一项就不是每个人都能够做到的了,在有多个标准的情况下,更是困难。如果头脑里有不重不漏的印记,这样你发出的指令就不会出现前后矛盾和漏洞。

第三,有条有理。有条有理是指优先考虑事物的先后顺序,决定先做什么、后做什么,先讲什么、后讲什么,层次清晰,一环扣一环。

第四,有根有据。懂得逻辑的人能够掌握各种证明论题的方法,包括正面的和逆过来的。论题论点清晰、主题突出、论据充足、有根有据、滴水不漏、无懈可击。

掌握了这四点,如果你是学习者,你会抓住要点,善于归纳总结;如果你是报告人,你会要言不烦,不啰唆不跳跃,让报告有说服力;如果你是某项事务的主管人员,你会安排好工作的先后顺序,并配置合适的人员,做到没有互相扯皮,只有互相协调。

逻辑思维能力

逻辑学只讲逻辑的规则,因此能够保证思维的正确性。但是,逻辑学不可能告诉你:某一道数学题要怎么证出来?应该用哪一条作为大前提?小前提又是什么?怎么找到这些东西?这时候就需要你具备一种能力——逻辑思维能力。

通常来说,逻辑思维能力有归纳、类比、横向纵向的联系等;数学里又常常使用具体的化归、反推、交轨法、待定系数法、割补法等,它们本身都是经得住逻辑检验的。你要掌握它们,没有逻辑知识是不行的。

这说明,逻辑学和逻辑思维能力是有区别的,但两者是相辅相成的关系。逻辑学学得好的人,逻辑思维能力一般都比较强;逻辑思维能力比较强的人,一般不会犯逻辑错误。

本书讲逻辑学知识,但光是学逻辑学知识还不够。逻辑学是有其局限性的。逻辑实际上是得不到什么新东西的,它的所有结论其实都是大前提的推论。人们需要的是让逻辑学增加一定的灵活性,我认为:

逻辑知识+一定的灵活性=逻辑思维能力。

中学生尚在学习阶段,学习已有的知识,必须要有逻辑思维能力。然而要得到开创性的结论,则必须依赖于其他能力,譬如直觉,以及合情推理。有位大数学家说:

逻辑用于证明,直觉用于发明。

2. 三段论

"1 < 2，2 < 3，所以 1 < 3"对不对？肯定是对的。什么理由？

有的参考书上说："1 < 2，2 < 3，所以 1 < 3"，是运用了三段论。这个说法对不对呢？**"逻辑先生"说，这是乱弹琴！**如果是三段论，那么大前提，小前提分别是什么呢？

这个推理过程，确实有三个小段落。但是三段论的三段是：大前提，小前提，结论。大前提是关于一个大范围（集合 D）里的一个断言，小前提则是指出一个对象 x_0（或一个子集 D'）属于这个 D，那么这个对象 x_0（或一个子集 D'）也会有这个断言。

显然这里用的不是三段论。那么它是什么推理呢？

三段论是逻辑学里的规则，或者说是逻辑学里的定理。其实，我们在证明数学问题时，还要用到很多数学定理。如两线平行，则同位角相等；"1 < 2，2 < 3，所以 1 < 3"，这个推理用到的是数学"定理"。

"1 < 2，2 < 3，所以 1 < 3"，这几个不等式，当然是二元命题（譬如 1 < 2，可以看作对象 1 和 2，有小于的关系）。在数学里，有些特殊的二元命题里的关系，经过证明有以下三种性质：

第一种是自反性。

所谓自反性是指，自己和自己具有某种关系。譬如说，三角形的证明中会用到一种理由叫"公共边"，就是自己和自己相等。

第二种是对称性。

所谓对称性是指，甲对乙有一种关系，那么乙对甲也有这种关系。譬如，$\triangle ABC \backsim \triangle DEF$，那么 $\triangle DEF \backsim \triangle ABC$。

数的相等、三角形的全等和相似，都是满足这个对称性的。但是大于和小于就不满足对称性。由 1 < 2，不能得出 2 < 1。

生活中，同学关系是满足对称性的，但父子关系就不满足对称性了。不能既说甲是乙的儿子，反过来又说乙是甲的儿子。

第三种是传递性。

所谓传递性是指，如果甲对乙有某种关系，乙对丙也有这种关系，那么甲对丙也有这种关系。

大于、小于就是满足传递性的关系。但是，并不是所有关系都满足传递性。譬如体育运动中的"战胜"关系，就不满足。如果甲队战胜乙队，乙队战胜丙队，不能保证甲队一定能够战胜丙队。

这些关系在数学里有很大的意义。同时满足这三种特点的关系叫**等价关系**。凡是有等价关系的两类对象，几乎可以认为是一样的。

再强调一下，这些关系，不是某个二元命题天然具有的，有的话也是需要证明(或者定义)的。有的关系满足对称性，但不满足传递性；有的关系满足传递性，但不满足对称性。

如果某种关系满足对称性，它在数学学习中会有重要的用处，可以改换看问题的角度。

譬如，我们知道"$\sin^2 x + \cos^2 x = 1$"，就可以知道"$1 = \sin^2 x + \cos^2 x$"。

不要小看这种转化，有些题解不出来，毛病可能就出在这个地方。傻傻地瞪着这个"1"，不会想到它可以等于"$\sin^2 x + \cos^2 x$"。

如果不满足对称性，还有一种关系叫"逆关系"，在数学里也有应用。

"大于"是一种关系，"小于"也是一种关系，我们说它们互为"**逆关系**"。利用逆关系，我们可以改换说法。

知道"$A < B$"，可得"$B > A$"。

知道"直线经过点 A"，就可以知道"点 A 在该直线上"。

在数学中，"直线 l 经过点 A"，反过来可以说成"点 A 在直线 l 上"。"……经过……"和"……在……上"成为一对互逆关系。

再如，"a 能被 b 整除"，反过来可以说成"b 能整除 a"。"被……整除"和"整除……"也是一对互逆关系。

在自然语言中，常常只要将一个谓词添上一个"被"字，就可以得到逆关系。这样的句子就是"**被字句**"。

利用逆关系也可以改换看问题的角度。

满足传递性的例子就更多了。小学里讲的递等式,就是用等号连接起来的一串式子,这就是用了传递性。用"放大法"证明不等式时,也是将小于号接连运用,就是不断放大。

到这里为止,可以回答本文开头提出的问题了。

"$1<2,2<3$,所以$1<3$",这是对的,但不是因为三段论,而是因为"小于"这种关系满足传递性(这是数学定理)。

3. 用逻辑方法解选择题

数学课里,老师往往只从正面讲知识。比如解题时,都是从条件到结论,不依赖其他信息。解选择题(本文都是指单选题)时,我们不主张这样循规蹈矩地从题干条件推出某一个选项(这样做就失去选择题的价值了,还不如干脆出传统题型)。对选择题主张小题小做,这里面除了数学定理之外,还利用了其他因素进行推理。譬如排除法,就利用了"四个选项中只有一个正确",这样的信息不是来自题干,而是"非题干信息"。解选择题,要善于运用多种手段,甚至用"猜"。这看起来不正统,却能帮助我们从只会纯数学的死板推理框框中解放出来,有利于扩展思维能力,有一定的好处。

从选择题的形式来看,大致有三种类型:发散型、收敛型和平行型。

所谓发散型,是指题干是条件,选项是可能得出的结论。

收敛型,则是题干是结论,选项是要得到这个结论所需要的条件。

平行型是有多个条件和多个结论,要求我们寻找结论和条件之间的关系,以构成能成立的命题。

不管怎样,每个选择题实际上都可以组成四个命题,从中确定一个你认为成立的命题。

选择题的解法有很多种,有的教辅图书可以罗列10种以上。本文只是从逻辑的角度对选择题的解法做一点初步的分析,重点不放在解题技巧上。

涉及"存在唯一"

解选择题(单选)涉及的第一个逻辑点是"四个选项中有且只有一个正确。"

因此,从命题的结构角度看,对四个选项来说,存在唯一命题,即至少有

一个选项是真的,同时至多有一个选项是真的。用初步形式化的方式讲,就是:

∃!x,x 符合题干要求　　其中,x 是 4 个选项中的一个。

由此,从逻辑角度得到两种方法。一种是正面解答法。如果算出的结果和某个选项一样,那么,其他选项就不必考虑了。为什么?因为只有一个选项是正确的啊!

例如,商场促销活动中,将标价为 200 元的商品,在打 8 折的基础上,再打 8 折销售,现该商品的售价是(　　)。

(A) 160 元　　　(B) 128 元　　　(C) 166 元　　　(D) 80 元

从题干出发,经过计算,得到结果是 128 元,于是就可以肯定选 B 选项,其他选项不必考虑了。

另一种方法就是排除法。因为只有一个选项是真的,其他三个选项都是假的,排除掉三个选项,余下的一个选项就不必思考了,肯定正确。

例如,平行四边形的一边长为 5cm,则它的两条对角线长可以是(　　)。

(A) 4cm,6cm　　　　　　　　(B) 4cm,3cm

(C) 2cm,12cm　　　　　　　 (D) 4cm,8cm

如图 5.1 所示,对角线把平行四边形分割成四个三角形,每个三角形中,有一边是平行四边形的边(可能是长为 5cm 的边,也可能是平行四边形的另一边,长度不是 5cm)。三角形的另两边虽然具体长度不明

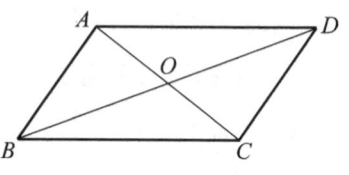

图 5.1

确,但它们的和应该是两对角线和的一半,它们的差也是两对角线差的一半。下面看 4 个选项。

(A) 的意思就是,另两边的和是 5cm,差是 1cm;

(B) 的意思就是,另两边的和是 3.5cm,差是 0.5cm;

(C) 的意思就是,另两边的和是 7cm,差是 5cm;

(D) 的意思就是,另两边的和是 6cm,差是 2cm。

因为三角形的两边之和大于第三边（就假定是长为 5cm 的那条边），所以排除 A、B；又因为两边之差小于第三边 5cm，所以排除 C。于是选 D。

又如，函数 $y = x + \sin|x|, x \in [-\pi, \pi]$ 的大致图像是（　　）。

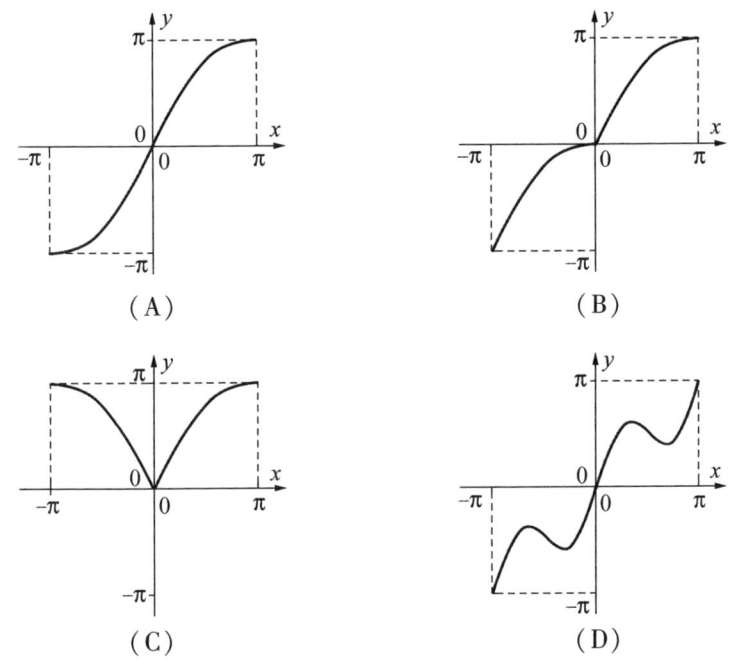

$y = x$ 为奇函数，$y = \sin|x|$ 为偶函数，题干的函数是奇函数与偶函数之和，为非奇非偶函数。四个选项中，A、D 是奇函数，C 是偶函数，都予以排除，余下只有 B 选项为非奇非偶函数，它就是正确答案。

在解答过程中，没有真的去计算、描绘题干函数的图像（如果这样做，就是纯数学的推理），而是抓住了奇偶性这个特点，否定了 A、C、D，余下的 B 必定是真的，根本不必进行数学上的推理验证。

下面这个例题的解法是很典型的"投机取巧"，不过很合理。

在 △ABC 中，$\sin 2A = \sin 2B$，则此三角形是（　　）。

(A) 等腰三角形　　　　　　　(B) 直角三角形

(C) 等腰或直角三角形　　　　(D) 等腰直角三角形

分析　从选项来看，A、B、D 三个概念的外延包含在选项 C 概念的外延里面,若选项 A 等腰三角形成立,则选项 C 等腰或直角三角形也成立;同理,若 B 成立,则 C 成立;若 D 成立,则 C 也成立。由于正确选项只有一个,只能是外延最广的选项 C,选项 A、B、D 均为错误选项,所以正确答案为 C。

请注意,在解这个题时,根本没有用到题干中的条件。仅仅从四个选择项之间的关系,就根据**单项选择题的正确选项只有一个(唯一性)**,得到了结论。所以我们说,某种意义上说,"巧解"单项选择题,就是用逻辑知识在解题。

涉及全称命题

选择题方面的第二个逻辑点是涉及一般和特殊,或者说全体和个别的关系,由此得出解选择题的**特殊值法**。"特殊"这个词其实是多义词。一种理解是"个别"的意思,它和别的元素相比没有什么特别的地方;另一种解释是个体当中有点与众不同的一个元素。我们这里主要是指前者。

关于一般和特殊,首先要谈的是全称命题。我们知道,一个全称命题为真,那么其中的某一个对象(或子集)也为真。

如全称命题 $\forall x, P(x) \quad x \in D$ 为真,即属于我们讨论的集合 D 范围里的所有个体 x 都有性质 P,那么属于集合 D 中的某一个个体 x_0 也一定有性质 P。就是 $P(x_0) \quad x_0 \in D$。

譬如,若 $|x| = x$,则 $-x$ 一定是(   )。

(A) 正数　　　(B) 非负数　　　(C) 负数　　　(D) 非正数

选择题其实都可以看成四个命题,如本题可视为:

(A) 若 $|x| = x$,则 $-x$ 一定是正数;

(B) 若 $|x| = x$,则 $-x$ 一定是非负数;

(C) 若 $|x| = x$,则 $-x$ 一定是负数;

(D) 若 $|x| = x$,则 $-x$ 一定是非正数。

解选择题的目的,就是确定四个命题中成立的一个。

这四个命题可以看成一个全称命题(也可以看成条件句),讨论范围 D 就是满足 $|x|=x$ 的 x 组成的集合 $\{x\mid|x|=x\}$。x 在这个范围里,就满足性质:$-x$ 是正数(或者是非负数、负数、非正数),即

$\forall x, -x$ 是正数(或者是非负数,负数,非正数) $\quad (x\in\{x\mid|x|=x\})$

前面说过,如果全称命题为真,那么它讨论范围里的每一个元素都满足这个命题。

取讨论范围里的特殊值 $x=0$,则 $-x=0$,0 不是正数也不是负数,可排除 A、C。

取特殊值 $x=1$,则 $-x=-1$,-1 是非正数,排除 D。

所以只能选 B。

又如,已知集合 $M=\{x\mid|x-1|\leq 2, x\in\mathbf{R}\}$,$P=\left\{x\mid\dfrac{5}{x+1}\geq 1, x\in\mathbf{Z}\right\}$,则 $M\cap P$ 等于( )。

(A) $\{x\mid 0<x\leq 3, x\in\mathbf{Z}\}$
(B) $\{x\mid 0\leq x\leq 3, x\in\mathbf{Z}\}$
(C) $\{x\mid -1\leq x\leq 0, x\in\mathbf{Z}\}$
(D) $\{x\mid -1\leq x<0, x\in\mathbf{Z}\}$

这个题可以看成四个命题:

(A) $\{x\mid|x-1|\leq 2\}\cap\left\{x\mid\dfrac{5}{x+1}\geq 1\right\}=\{x\mid 0<x\leq 3\}$;

(B) $\{x\mid|x-1|\leq 2\}\cap\left\{x\mid\dfrac{5}{x+1}\geq 1\right\}=\{x\mid 0\leq x\leq 3\}$;

(C) $\{x\mid|x-1|\leq 2\}\cap\left\{x\mid\dfrac{5}{x+1}\geq 1\right\}=\{x\mid -1\leq x\leq 0\}$;

(D) $\{x\mid|x-1|\leq 2\}\cap\left\{x\mid\dfrac{5}{x+1}\geq 1\right\}=\{x\mid -1\leq x<0\}$。

现在要确定哪一个是成立的。

这四个命题,都可以看成全称命题。于是取讨论范围里的特殊值,这个命题也适合。

取特殊值 0(0 满足 $|x-1|\leq 2$,即在 M 内,也满足 $\left|\dfrac{5}{x+1}\right|\geq 1$,所以在 P

内,它当然应该在 $M\cap P$ 内),检查一下选项,0 不在 A、D 内,所以排除 A、D;

再代入 $x=3$,同样的,它在 M 和 P 内,当然在 $M\cap P$ 内,检查一下,3 不在 C 内,排除 C。于是选 B。

在特殊值法中,有时选的特殊值是一种极端情况,有些教辅图书上称为极限法。

譬如,一个袋子中装有 100 只红袜子、80 只绿袜子、60 只蓝袜子、40 只黑袜子。请你从袋中摸袜子,每次摸出一只(无法看到袜子的颜色)。为了确保摸出的袜子中至少有十双同色的,则至少需要摸出( )只袜子。

(A) 24　　　　(B) 22　　　　(C) 25　　　　(D) 23

解析:考虑最不利的情形,先摸出 4 只袜子,这 4 只袜子的颜色互不相同。再摸出第 5 只袜子,则它必为 4 种颜色之一,故至少摸出 5 只袜子才能保证至少有一双。拿出这一双,考虑最不利的情况,剩下 3 只袜子的颜色互不相同。再摸出第 6 只袜子,又考虑最不利的情况。这只袜子可能具有第 4 种颜色,于是摸出的第 7 只袜子就必然具有 4 种颜色之一。故至少摸出 7 只袜子才能确保有 2 双。以此类推,不难想象,以后每摸出 2 只,必又可确保有一双同色。因此,至少摸出 23 只袜子才能确保有 10 双同色的。

故选 D。

在这个例子里,这个特殊值是利用**极端原理**——最不利原则得到的。

特殊值法,其实也含了特殊图形、特殊函数、特殊方程、特殊位置。

譬如,若 2011 可以分解成若干项不同正整数之和,试问最多能分成几项?

【分析】考虑极端情况,即每一项尽可能小。

令 $2011 = a_1 + a_2 + \cdots + a_n$,且 $1 \leq a_1 < a_2 < a_3 < \cdots < a_k$,其中 $a_1, a_2, a_3, \cdots, a_k$ 均为正整数,则 a_1 的最小值为 1。由此可知 a_2 的最小值为 2,等等。这样就有 $2011 \geq 1 + 2 + \cdots + k = \frac{1}{2}k(k+1)$。由 k 为正整数,可知 $k \leq 62$。又因为当 $a_1 = 1, a_2 = 2, a_3 = 4, a_4 = 4, a_5 = 6, a_6 = 7, \cdots, a_{62} = 63$ 时,有 $2011 = a_1 +$

$a_2 + \cdots + a_{62}$,故最多可以分解为 62 项。

涉及一致型命题

选择题方面的第三个逻辑点也涉及一般和特殊,这个知识点就是一致型命题。一致型命题形式化之后是这样的:
$$\exists x \, \forall y \, P(x,y)。$$
既然存在一个 x,使任意的 y 都满足关系 $P(x,y)$,那么对于特殊的 y_0,也有这个关系,即
$$\exists x \, P(x,y_0)$$
根据这个原理,我们来寻找定值定点。

譬如,无论 m 为任何实数,二次函数 $y = x^2 + (2-m)x + m$ 的图像都经过的点是(　　)。

(A) $(1,3)$　　　(B) $(1,0)$　　　(C) $(0,0)$　　　(D) $(0,3)$

取 $m=2$,得到一个函数 $y = x^2 + 2$,

取 $m=0$,得到另一个函数 $y = x^2 + 2x$,

联立,解得 $x=1, y=3$。于是选 A。

作为解答题的话,应该验证 $(1,3)$ 是否满足函数式,但是对于选择题,我们认为,题目默认了是个一致型命题——定点问题,验证的过程就没有必要了。

又如,在 $\triangle ABC$ 中,$\angle A \, \dfrac{\pi}{3}, BC=3$,则 $\triangle ABC$ 的周长为(　　)。

(A) $4\sqrt{3}\sin\left(B+\dfrac{\pi}{3}\right)+3$　　　　(B) $4\sqrt{3}\sin\left(B+\dfrac{\pi}{6}\right)+3$

(C) $6\sin\left(B+\dfrac{\pi}{3}\right)+3$　　　　(D) $6\sin\left(B+\dfrac{\pi}{6}\right)+3$

这也是一致型命题。本题默认了:不管三角形的其他参数怎么变化,三角形的周长是定值(四个选项中的某一个)。

思考时可选特殊形状,如三角形是正三角形,那么因为三边相等,都等于3,所以周长是9,可以排除 B、C。

再考虑一个特殊形状,三角形是直角三角形,$\angle B = 30°$,$\angle C = 90°$。经计算,三角形周长是 3 +,排除 A,所以选 D。

再如,$\triangle ABC$ 中,$\angle A = 60°$,$\angle B$、$\angle C$ 的平分线交于点 O,那么 $\angle COB =$ ( )。

(A) 60° (B) 100° (C) 90° (D) 120°

如图 5.2 所示,$\angle A$ 是固定的,而 $\angle B$、$\angle C$ 是可以变动的,按理说,$\angle COB$ 应该相应地变动。但是这个题,问 $\angle COB$ 等于哪个具体的数值,因此题目默认了不管 $\angle B$、$\angle C$ 怎么变动(其实 $\angle B$ 变了的话,$\angle C$ 是跟着变的),$\angle COB$ 是个定值(四个选项中的某一个)。因此,本题可以从一致型命题角度思考。

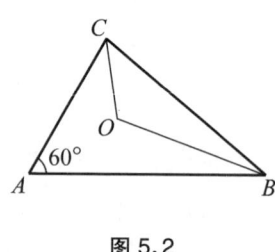

图 5.2

联系本题,应该是

$\exists$ 某个度数($\angle COB$),$\forall \angle B$ 的度数,使得 $\left(\frac{1}{2}\angle B + \frac{1}{2}\angle C + \angle COB = 180°\right)$

我们用特殊值来确定定值。为了容易计算,选 $\angle B$ 的度数为 60°,此时 $\angle C$ 的度数也为 60°,则 $\angle COB$ 应该是 120°。所以本题选 D。

本节内容,有同学可能会觉得故弄玄虚,心想:这些方法我们一直在使用。"逻辑先生"认为,**思考不能停留在解题、技巧的层面,有必要更加深入**。一时听不进,也不要紧,认识肯定不是一次完成的,需要慢慢地深化。

4. 从逻辑角度分析错解

1986 年全国高考试卷中曾有这么一道题：

已知 $x_1 > 0, x_1 \neq 1$，且 $x_{n+1} = \dfrac{x_n(x_n^2 + 3)}{3x_n^2 + 1}(n = 1, 2, 3 \cdots)$

求证：数列 $\{x_n\}$ 或者对任意正整数 n 都满足 $x_n < x_{n+1}$，或者对任意自然数 n 都满足 $x_n > x_{n+1}$。

高考结束后，在一份数学杂志上曾刊登了一则利用反证法的证明，兹将它摘录如下：

证明　若设 $\{x_n\}$ 对任意正整数 n 既不满足 $x_n < x_{n+1}$，也不满足 $x_n > x_{n+1}$，则应满足 $x_n = x_{n+1}$。再由题设可得

$$x_n = \frac{x_n(x_n^2 + 3)}{3x_n^2 + 1},$$

$$3x_n^3 + x_n = x_n^3 + 3x_n,$$

$$\therefore \quad x_n = 0, 1, -1。$$

这与题设 $x_1 > 0$，且 $x_1 \neq 1$ 矛盾，故对任意正整数 n 所设不成立，原命题得证。

这是试卷的倒数第二道题，应该是比较难的，就这么三言两语解决了？

高考错解

这个错证之所以错，在于归谬假定，即将原命题的结论的否定搞错了。

原结论可形式化为

$$\forall n(x_n < x_{n+1}) \vee \forall n(x_n > x_{n+1}) \tag{1}$$

意思是：$\{x_n\}$ 严格单调递增（$\forall n(x_n < x_{n+1})$）或严格单调递减（$\forall n(x_n > x_{n+1})$）。

其否定是：

$$[\forall n(x_n < x_{n+1}) \vee \forall n(x_n > x_{n+1})]'$$
$$= [\forall n(x_n < x_{n+1})]' \wedge [\forall n(x_n > x_{n+1})]'$$
$$= \exists n(x_n < x_{n+1})' \wedge \exists n(x_n < x_{n+1})'$$
$$= \exists n(x_n \geq x_{n+1}) \wedge \exists n(x_n \leq x_{n+1})。$$

排除了"严格单调递增"和"严格单调递减"两种情况,数列$\{x_n\}$可以是"非严格单调递增"的,如

$$1,1,2,2,3,3\cdots$$

可以是"非严格单调递减"的,如

$$8,8,7,7,6,6\cdots$$

可以是"摆动"的,如

$$1,2,3,2,1\cdots$$

还可以是"常数列",如

$$1,1,1\cdots$$

等等。

$\exists n(x_n \geq x_{n+1})$的意思是存在某个号码,相应的项不小于其相邻的后项;$\exists n(x_n \leq x_{n+1})$的意思是存在某个号码,相应的项不大于其相邻的后项。两者合起来,就是数列$\{x_n\}$的有些项$x_n \leq x_{n+1}$,而还有些项$x_n \leq x_{n+1}$。反证法就应该由此开始。

而在错证中,作者可能把原结论错误地理解为

$$\forall n[(x_n < x_{n+1}) \vee (x_n > x_{n+1})], \tag{2}$$

而且还把析取与合取弄错了。**"逻辑先生"说,数理逻辑可以把这个错误看得更清楚些吧!**

5. 蕴含命题

学习逻辑时,同学们常常争论不休。下面几个关于蕴含命题的问题值得讨论,"逻辑先生"的看法也未必正确,仅供参考。

数理逻辑中的"蕴含"

在传统逻辑里,蕴含命题的真假是根据后件是否依赖于前件来决定的。命题

$$\text{"如果 } 7 = 8\text{,那么 } 7 + 1 = 8 + 1\text{"}$$

被认为是真实的,因为尽管前件不真,而后件的真实性是依赖于前件的,所以整个假言判断为真。在普通的传统逻辑著作中,常常引用一个著名的例子:

"如果语言能够生产物质资料,那么夸夸其谈的人就会成为世界上最富有的人了。"

这也是一个真实的假言判断,之所以说它为真,是因为后件对前件有依赖性。

可是,传统逻辑关于假言判断的真假取决于后件的真实性是否依赖于前件的看法,无法摆脱命题所反映的内容的束缚。而前面介绍三种复合命题(否定、合取、析取)的真假,仅仅取决于基于命题的真假,而与基本命题的具体内容无关。为了更好地用数学方法处理这个问题,数理逻辑是用表 5.1 的形式规定 $P \rightarrow Q$ 的真假的。

表 5.1

P	Q	$P \rightarrow Q$
真	真	真
真	假	假
假	真	真
假	假	真

真值表中的第三四行,简直让人无法理解。只要 P 为假,不管 Q 的真假,条件句 $P \to Q$ 都是真的。按此,"如果人不会死(假),那么 $3 = 4$(假)"竟然是个真命题了。这一点严重违背了我们的常识。"逻辑先生"耸耸肩,两手一摊,有点无奈。

蕴涵式复合命题的真假仅仅取决于前后件的真假。要注意,蕴涵式复合命题的真假,与传统逻辑或日常生活中所说到的"如果……那么……"的真假不完全一致,但在大多数情况下还不会发生重大的矛盾。特别要指出,假的蕴涵式复合命题 $P \to Q$,按日常理解(如果 P,那么 Q)也为假;反之,日常理解下为真的假言命题"如果 P,那么 Q",则相应的蕴涵式复合命题 $P \to Q$ 也为真。

蕴涵式复合命题真假的这种处理方式的详细讨论,已超出了本书的研究范围,有兴趣的读者可阅读有关的数理逻辑的专著。

关于蕴含命题的否定

网上有过这样一个填空题:命题"$A < B$,则 $2A < 2B$"的否命题是(　　),否定是(　　)。

网上的答案是:命题"$A < B$,则 $2A < 2B$"的否命题是"若 $A \geq B$,则 $2A \geq 2B$",否定是"$A < B$,则 $2A \geq 2B$"。

应该说,否命题回答正确,否定就错了。

蕴含可以用合取、析取、否定等运算表示。

我们来看命题 $\neg (P \wedge \neg Q)$ 的真值表,我们会发现,它与蕴涵式复合命题 $P \to Q$ 的真值表完全一样。

P	Q	$P \to Q$
真	真	真
真	假	假
假	真	真
假	假	真

P	Q	$\neg Q$	$P \wedge \neg Q$	$\neg (P \wedge \neg Q)$
真	真	假	假	真
真	假	真	真	假
假	真	假	假	真
假	假	真	假	真

可见,$P \to Q = \neg (P \wedge \neg Q)$。

由反演律,得

$$P \to Q = \neg P \vee Q。$$

在这个基础上,我们可以研究蕴含命题 $P \to Q$ 的否定了。既然

$$P \to Q = \neg P \vee Q,$$

那么,

$$\neg (P \to Q) = \neg (\neg P \vee Q) = P \wedge \neg Q。$$

原来,$P \to Q$ 的否定,不是 $P \to \neg Q$,而是 $P \wedge \neg Q$。

回头看前面提到的网上的那道题:命题"$A < B$,则 $2A < 2B$"的否定不应是

"$A < B$,则 $2A \geq 2B$",

而是

"$A < B$,且 $2A \geq 2B$"。

"如果……那么……"并不万能

有些教辅图书上说,每个命题都可以表示成"如果……那么……"的万能表达形式,其实,这个说法并不正确。不是每个命题都可以转化为"如果……那么……"的。

全称命题、单称命题肯定可以改写为"如果……那么……"的形式,即写成蕴含命题"$P \to Q$"。但特称命题不行,为什么? 我们说明一下。

看一个简单的情形。设我们讨论的对象 x 的范围只有两个元素 $\{a, b\}$。

现在给出的特称命题是"有一个 x 有性质 k"。那么,这个特称命题可以转换成一个析取命题(或命题):

"a 有性质 k"或"b 有性质 k"。

假如把"a 有性质 k"记作命题 P,"b 有性质 k"记作命题 Q,那么特称命

题"有一个 x 有性质 k"可以记作"$P \vee Q$"。特称命题可以看作析取命题(或命题)的推广,同时全称命题则是合取命题(与命题)的推广。

接下去,我们联系前面的论述:"$P \rightarrow Q = \neg P \vee Q$"。

但是,只要比较一下,很显然,"$P \vee Q$"不可能等于"$\neg P \vee Q$",

因此特称命题"有一个 x 有性质 k"是无法转换为蕴含式命题"$P \rightarrow Q$"的。

答 案

参考答案(部分)

练习 2

1. 错。这个数列是发散的,和不存在。

2. 错。没有考虑方程的根是否存在。考虑判别式 $\Delta \geq 0$,答案应是:$-5 < m < -4$。

练习 8

1. (1) 充分条件,必要条件 (2) 充分条件,必要条件 (3) 充分条件,必要条件 (4) 充分条件,必要条件

2. 充要条件

3. 因为 $P \to Q, Q \to P$ 都不真,所以,P 不是 Q 的充分条件,也不是 Q 的必要条件。

4. 123 和 321 的 h 余数都是 6,故 123×321 的 9 余数之积为 $6 \times 6 = 36$,36 的 9 余数是 9。38483 的 9 余数是 3,两者不相等,所以算式错。

练习 9

1. (1) 2 不是素数,或者不是偶数 (2) 123 不是 2 的倍数,也不是 3

的倍数

2.（1）可看成 $A=0$ 且 $B=0$，其否定是 $A\neq 0$ 或 $B\neq 0$。

（2）可看成 $A=1$ 或 $A=-1$，其否定是 $A\neq 1$ 且 $A\neq -1$。

练习 10

1.（1）$\forall x(\sin(x+2\pi)=\sin x)$，$x$ 是实数。真命题。

（2）$\forall x(\sqrt{x+1}>0)$，x 是实数。假命题。

2.（1）对于所有的 x，$x^2+1=0$ 成立。假命题。

（2）对于定义域内的一切数 x，如果 $f(-1)=f(1)$，那么 $f(x)$ 是偶函数。假命题。

练习 11

1.（1）$\exists x,(x<0)$，x 是无理数。真命题。 （2）$\exists$ 三角形，$S_{三角形}=1$。真命题。

2.（1）存在一个数是素数。真命题

（2）存在一个数是偶素数。真命题（2 就是偶素数）。

3. 设存在交点，找到交点 $(-8,15)$

4. $\Delta=16+4=20>0$，有实根。$x_1 x_2=\dfrac{-1}{1}=-1$，有负实根。

练习 14

1.（1）$\forall x \forall y \exists z(x-y=z)$。它的意思是，任意两个数，都可以做减法得到它们的差。

（2）$\exists x \forall y(yx=1)$。它的意思是，存在一个数，任何数和它的乘积都等于 1。这样的 x 是不存在的，所以这个命题是假命题。如果题目改为 $\exists x \forall y(yx=0)$，就是真命题了，这时候 x 就是 0，任何数乘 0，当然都等于 0。

2.（1）存在一个 x，使对任意的 y，都满足 $y=x^2$。这是个假命题。

(2) 任何两个数 x, y，都有唯一的一个数 z 是它们的和。这是个真命题。

3. (1) $\neg(\exists x \forall y(y < x^2)) = \forall x \exists y(y \geq x^2)$。意思是，对于任意的数 x，都存在一个数 y，使 $y \geq x^2$。你说出一个数 x，我总能够找到比 x^2 大的数 y。因为 $y = x^2$ 的图像开口向上，所以这样的 y 是不存在的。这是个假命题。

(2) $\neg(\forall x \forall y \exists z(x+y=z)) = \exists x \exists y \forall z(x+y \neq z)$。意思是，存在 x 和 y，对于任意的 z，$x+y$ 都不等于 z。这当然是假命题。

4. $\neg(\exists x_0 \forall x(f(x) \leq f(x_0))) = \forall x_0 \exists x_1(f(x_1) \geq f(x_0))$。意思是，你说出任意的 x（也可以写成 x_0），总存在另一个（也可以是同一个）自变量 x_1，使得 x_1 处的函数值不小于你说的 x_0 处的函数值。由于 x 是任意的，可见这个函数是没有最大值的。

练习 15

1. (1) $\exists$ 数 $x \forall$ 实数 $y, (x+y=0)$。这是个一致型命题，可惜是假命题。

(2) $\forall x \exists y(x+y=0)$，这是随变型命题，这个 y 就是 x 的相反数。这是个真命题。

2. 存在一个整数，它是一切整数的约数。这是个一致型命题。这个整数就是 1，1 是任何整数的约数。这是个真命题。

3. 三角形的三个顶点都在某个圆上，这个圆就是三角形的外接圆。即
$\exists$ 圆 $\forall$ 点（点在圆上） 点属于三角形顶点 A, B, C 组成的集合。
这是一致型命题。

练习 17

1. 用"偷懒"的办法：令 $x=1, y=0$，代入即得。

2. 取点 D 和 E 都是中点，可知 $\angle COD = 60°$。

3. 用待定系数法。令 $x=a$，即得。